선미자의 맛

미자언니네 계절 담은 집밥 이야기

ChosunMedia
조선뉴스프레스 여성조선

이 책의 사용법

이 책에서의 재료 분량

모든 재료의 양은 표준 계량컵과 계량 스푼을 기준으로 합니다.
1컵은 200㎖, 1큰술은 15㎖, 1작은술은 5㎖입니다.

이 책에서의 요리 분량

기본적으로 2~4인분 기준입니다. 다만 사람마다 음식 섭취량이 다르므로
명시된 재료의 양을 감안해 가감하시면 됩니다.

양념 사용법

핸드메이드로 만드는 맛간장 만들기가 번거롭다면 시판되고 있는
미자언니네 프리미엄 맛간장으로 바꿔 사용하셔도 좋습니다.
이 밖에도 맑은 액젓은 시판되고 있는 미자언니네 꽃게액젓으로,
참치액은 미자언니네 맛육수로 바꿔 사용하시면 요리의 맛을
좀 더 업그레이드할 수 있습니다.

쌀 불리는 법

영양밥을 전기밥솥에 지을 경우 멥쌀과 찹쌀은 씻고 체에 밭쳐 물기를 뺀 후
30분 정도 불리는 것이 좋습니다. 현미는 12시간 이상 물에 불린 다음
체에 밭쳐 물기를 뺀 후 밥을 짓는 것이 좋습니다.

선미자의 맛

미자언니네 계절 담은 집밥 이야기

contents

chapter 1
한 그릇 영양밥

chapter 2
입맛 돋우는 매일 반찬

chapter 3
든든한 국과 찌개

chapter 4
건강 담은 모던 김치

chapter 5
맛깔난 분식과 간식

contents

요리는
'소통'이라는
진리

의상학을 전공한 저는 강남에서 부티크 맞춤옷 숍을 운영했습니다. 하지만 아이들이 태어나면서 자연스럽게 전업주부의 길을 선택했습니다. 쾌활하고 사람을 좋아하는 성격 덕분에 집 안에는 늘 웃음과 이야기 그리고 음식이 떠나지 않았고, 손님을 맞아 음식을 대접하는 일이 무엇보다 즐거웠습니다. 동네에서 '요리를 잘한다'는 소문이 날 정도였죠. 그때부터 쿠킹 클래스를 열어보라는 권유를 많이 받았지만, 제가 진짜로 요리전문가의 실을 걷겠다고 마음먹은 순간은 따로 있었습니다.

사춘기에 접어들며 말문이 꽉 닫혀버린 아들과 다시 대화를 잇게 해준 것이 바로 '음식'이었습니다. 말로는 닿지 않던 마음이 한 그릇의 음식 앞에서 스르르 풀리고, 서로의 표정이 조금씩 달라지기 시작했죠. 그때 깨달았습니다. 음식에는 상대를 무장해제시키고 마음의 문을 여는 특별한 힘이 있다는 사실을요.

요리연구가로서는 늦은 출발이었습니다. 식품학을 전공한 것도 아니고, 조리사 자격증이 없는 것도 마음에 걸렸죠. 그래서 케이터링 전문가반을 포함해 1년 넘게 요리 관련 학원 7곳을 다니며 제대로 배우기 시작했습니다. 하지만 그 과정에서 더욱 확신하게 된 건, 학원에서 배운 기술보다 20년 가까이 가족을 위해 쌓아온 '생활 속 요리'가 무엇보다 단단한 기본기라는 사실이었습니다.

양식부터 중식, 일식까지 폭넓게 공부했지만, 제 요리의 근간은 언제나 한식이었습니다. 다만 전통의 틀에만 머무는 한식이 아니라 누구나 편하게 즐기면서도 깊은 맛을 느낄 수 있는 한식, 시대와 입맛의 변화를 읽어내며 끊임없이 새롭게 재해석한 한식입니다. 먹는 이를 배려하는 마음이 결국 더 맛있는 음식을 만든다는 믿음으로요.

이번 책에 담긴 140가지 레시피는 가족 식탁에서 탄생한 메뉴도 있고, '미자언니네 그로서란트'와 '마켓컬리' 등을 통해 많은 분들에게 사랑받았던 메뉴도 있습니다. 저는 늘 믿습니다. 맛있는 음식은 가족을 식탁 앞으로 모으고, 더 나아가 사람을 행복하게 만드는 힘이 있다고요.

미자언니의 레시피가 여러분의 하루에 작은 위로가 되고, 식탁을 한결 풍성하고 행복하게 채워주기를 진심으로 바랍니다.

테이블 세팅
그리고 '화소반'

요리는 입으로만 즐기는 것이 아니라 눈과 마음으로도 경험하는 일입니다. 음식이 어떤 그릇에 담겨 있는지, 테이블 위에 어떤 요소들이 놓여 있는지는 우리 뇌가 맛을 판단할 때 가장 먼저 작용하는 감각적인 기준이 됩니다. 정성스럽게 차려진 상은 기대감을 높이고 식사에 집중하게 하지만 정돈되지 않은 식탁은 음식의 매력을 반감시키고 분위기마저 흐트러뜨리죠. 그래서 테이블 세팅은 단순한 '꾸밈'이 아니라 한 끼를 완성하는 마지막 과정입니다.

푸드 스타일링은 결코 어렵지 않습니다. 요리에 사용된 재료의 색과 질감을 더 돋보이게 하고, 먹는 이의 식욕을 자연스럽게 끌어내는 작은 배려이자 감각입니다. 특히 식탁 위에 작은 식물이나 꽃을 더하는 일은 공간에 자연의 기운을 불어넣어 긴장을 풀어주고 각 요리를 더 신선하고 풍성하게 보이게 하는 손쉬운 방법입니다. 음식만 가득 놓인 테이블보다 시각적 여백이 생기고, 그 여백이 식탁의 리듬과 분위기를 한층 부드럽게 만들어 줍니다.

음식마다 맞는 그릇이 있는데 이는 요리의 정체성을 완성해주는 매우 중요한 포인트입니다.

음식이 가장 맛있고 아름답게 보이는 색과 질감을 연구한 끝에 제가 선택한 그릇이 바로 '화소반'입니다. 검은색·회색·진회색·와인색·아이보리·그린 여섯 가지 유약 색상으로 완성된 화소반은 제가 만든 음식을 가장 깊고 생생하게 돋보이게 해주는 특별한 그릇입니다. 좋은 흙으로 빚어 독특한 질감과 단정한 디자인을 지녔으며, 매일 사용해도 질리지 않는다는 점이 가장 큰 매력이지요. 음식의 온도·색감·질감을 그대로 받아내어 플레이팅의 완성도를 자연스럽게 높여주는 그릇입니다.

일상을 예술로 만드는 일은 거창하지 않아도 충분합니다. 정성스럽게 만든 음식에 작은 식물을 더하고, 음식의 성격에 맞는 그릇을 선택하는 일만으로도 우리 식탁은 훨씬 더 아름답고 풍요로워집니다.

선미자표 요리의 기본양념

맛있는 요리의 핵심은 결국 탄탄한 육수와 균형 잡힌 양념에 있습니다. 조금 번거롭더라도 기본 육수와 양념을 미리 만들어 두면 어떤 요리든 깊은 맛을 쉽게 완성할 수 있습니다.

이 장에서는 제가 평소 가장 즐겨 사용하는 기본 육수, 고기 요리 특유의 잡내를 잡아주는 만능즙, 그리고 다양한 요리에 활용할 수 있는 맛간장을 소개합니다.

선미자표 한식의 깊은 맛은 이 세 가지가 바탕이 되지만 바쁜 일상에서는 육수나 소스를 직접 만드는 일이 쉽지 않을 때도 있습니다. 그럴 때는 '미자언니네 프리미엄 소스'를 활용해 보세요. 미자언니네 맛간장, 꽃게 액젓, 맛육수는 누구나 실패 없이 한식의 감칠맛을 낼 수 있도록 개발된 프리미엄 베이스 소스 라인입니다.

생강술

생강술은 생강과 청주를 1 대 1 비율로 믹서에 넣고 곱게 갈아 가라앉힌 뒤 맑은 국물만 따라낸 것으로, 미리 만들어 두고 고기 요리는 물론 생선 요리에 넣으면 비린내를 잡는 데 좋습니다. 믹서를 사용해 가는 것이 번잡하다면 편 썬 생강에 청주를 부어 우려 사용해도 됩니다. 만드는 법은 두 가지이니 참고하세요.

기본 재료

생강 200g, 청주 1컵

만드는 법

1 생강은 껍질을 제거해 편으로 썬다.
2 용기에 생강과 동량의 청주를 담아 2~3일 정도 두었다가 사용한다.

기본 재료

생강 200g, 청주 1컵

만드는 법

1 동량의 생강과 청주를 믹서에 곱게 간다.
2 ①을 면보를 깐 체에 걸러 맑은 물만 받아 사용한다.

만능즙

고기나 생선의 밑간을 할 때 많이 사용하는 만능즙이에요. 생강과 배, 무, 마늘, 양파, 파 뿌리를 넣어 곱게 간 후 맑은 물만 받아 사용하지요. 집에 원액기가 있다면 재료 전체를 넣고 즙으로 짜 사용해도 좋습니다.

기본 재료

배 · 무 · 마늘 · 양파 200g씩, 파 뿌리 50g, 생강 10g

만드는 법

1 모든 재료를 갈기 쉽게 적당한 크기로 잘라 놓는다.
2 믹서에 준비한 모든 재료를 넣고 곱게 간다.
3 ②를 면보를 깐 체에 걸러 맑은 물만 받는다.
4 ③을 얼음 틀에 담아 냉동실에 얼려 놓고 사용한다.

다
시
마
물

다시마 육수는 다시마와 물을 함께 끓여서 사용하는 경우가 많지만, 개인적으로는 찬물
에 다시마를 넣어 우리는 다시마물을 애용하는 편입니다. 다시마 향이 지나치게 강하지
않으면서도 은은한 감칠맛이 우러나와 특히 영양밥을 할 때 사용하면 좋습니다.

기본 재료

다시마 5×5cm 1장, 찬물 1½컵

만드는 법

1 다시마는 겉면만 살짝 씻어 그릇에 담고 찬물을 담아 30분 정도 우린다.
2 면보나 촘촘한 체에 다시마만 걸러 내고 사용한다.

멸치 육수

다양한 국물 요리의 기본이 되는 육수입니다. 멸치는 반드시 머리와 내장을 제거한 후 마른 팬에 볶아 사용해야 비린내가 나지 않습니다. 육수를 미리 만들어 두기보다는 멸치를 손질해 볶아 냉동실에 보관해 두고 그때그때 육수를 내 사용하면 좋지요.

기본 재료

마른 멸치 6마리, 물 1컵

만드는 법

1 멸치는 머리와 내장을 제거하고 기름을 두르지 않은 팬에 구수한 향이 날 때까지 볶는다.

2 냄비에 멸치와 물을 넣고 끓이다가 끓기 시작하면 중불로 낮춰 40분 정도 끓인 다음 멸치는 체에 걸러내고 육수를 사용한다.

맛간장

조림이나 볶음 등 간장이 들어가는 모든 요리에 사용하면 더욱 맛깔스러운 맛을 내주는 간장입니다. 향신채와 채소를 끓여 만든 육수에 간장과 사과, 레몬, 설탕, 청주 등을 넣고 만들어 간장을 베이스로 하는 소불고기나 찜 등에 간장 대신 사용하면 그 진가를 발휘하지요. 맛간장 만들기가 번거로울 때에는 시판되고 있는 '미자언니네 프리미엄 맛간장'을 사용하셔도 됩니다.

육수 재료

양파 200g, 당근·건새우 50g씩, 마늘·표고버섯 30g씩, 생강 20g, 물 2컵, 청주 ½컵, 통후추 1큰술

간장 양념 재료

간장 10컵, 설탕 1kg, 맛술 1½컵, 청주 1컵, 사과·레몬 1개씩

만드는 법

1 냄비에 분량의 육수 재료를 넣고 국물의 양이 반으로 줄 때까지 끓인다.

2 ①을 체에 걸러 육수만 받아 냄비에 넣고 간장 양념 재료 중 간장과 설탕을 넣고 끓이다 팔팔 끓을 때 맛술과 청주를 넣고 다시 한 번 끓으면 불을 끈다.

3 ②에 사과와 레몬을 껍질째 얇게 슬라이스해서 넣고 뚜껑을 닫은 뒤 24시간 둔다.

4 건더기는 체에 거르고 간장은 소독된 병에 담아 실온에 보관하면 6개월 정도 사용 가능하다.

제철 식재료를 아낌없이 넣어 정성스럽게 지은 영양밥은 별다른 반찬 없이도 밥 한 그릇만으로 푸짐한 한 상을 완성하는 힘이 있습니다. 제철 재료가 지닌 신선한 영양이 그대로 밥에 스며들어 우리 몸에 필요한 주요 영양소를 듬뿍 채워줄 뿐 아니라 재료 고유의 맛이 밥알과 어우러져 깊고 근사한 풍미를 전하지요. 봄에는 향긋한 봄나물을, 여름에는 기력을 더하는 보양 재료를, 가을에는 풍성한 뿌리채소를, 겨울에는 신선한 해산물을 듬뿍 넣어 계절의 맛을 담은 영양밥으로 입맛을 깨워 보세요.

명란 감태 주먹밥

김보다 향이 깊고 결이 섬세한 감태로 감싸 만든 주먹밥에

감칠맛 가득한 명란 소스를 더해 맛과 영양을 모두 살린 메뉴입니다.

초록빛 감태와 은은한 핑크빛 명란의 조화 덕분에 테이블 위에서도 눈길을 사로잡아

주말 브런치나 와인 안주로도 근사하게 어울립니다.

주먹밥에 감태를 입힐 때는 바삭한 식감이 살아 있도록 굴리듯 가볍게 묻히는 것이

완성도를 높이는 핵심입니다.

기본 재료 (2인분)

감태 3장

밥 300g

밥 양념 재료

소금 ½작은술

참기름 1큰술

통깨 1작은술

명란 소스 재료

명란 분태·다진 청양고추·마요네즈 1큰술씩

설탕 ½큰술

만드는 법

1 달군 팬에 감태를 살짝 구워 바삭하게 만든 뒤 잘게 부순다.

2 볼에 명란 분태, 청양고추, 마요네즈, 설탕을 넣고 섞어 명란 소스를 만든다.

3 따뜻한 밥에 양념 재료를 넣어 고루 섞은 뒤 먹기 좋은 크기로 동그랗게 빚는다.

4 주먹밥에 감태를 골고루 묻히고, 위에 명란 소스를 한 스푼 올려 완성한다.

소불고기비빔밥

달큰한 불고기와 향긋한 나물, 고소한 달걀프라이 그리고

매콤달콤한 비빔고추장이 어우러진 소불고기비빔밥은 온 가족이 함께 즐기기 좋은

일품 요리입니다. 비빔밥에 들어가는 소불고기와 나물은 양념을 과하지 않게 해야

고추장 양념과 조화롭게 어울립니다. 남은 비빔고추장은 냉장 보관 후

식초를 조금 넣어 비빔국수나 비빔냉면 소스로 활용해도 좋습니다.

기본 재료 (1인분)

밥 1공기, 소고기(불고기) 100g

시금치 · 콩나물 · 비듬나물 적당량씩, 달걀 1개

꽃게액젓(또는 맑은 액젓) · 참기름 약간씩

고기 양념 재료

맛간장 1작은술, 설탕 ⅓작은술

다진 마늘 ⅓큰술, 참기름 ½큰술, 후춧가루 약간

비빔고추장 재료

고추장 5큰술, 다진 마늘 · 올리고당 · 매실청 · 물 · 참기름 · 통깨 1큰술씩

만드는 법

1 소고기는 분량의 양념 재료를 순서대로 넣어 고루 버무린 뒤, 달군 팬에 넣고 중불에서 볶아 익힌다.

2 시금치와 콩나물, 비듬나물은 깨끗이 손질해 데친 뒤 물기를 꼭 짠다. 각각 꽃게액젓과

　참기름을 약간 넣어 고루 무친다.

3 분량의 재료를 모두 넣고 섞어 비빔고추장을 만든다.

4 달걀은 달군 팬에 식용유를 두른 뒤 기호에 맞게 프라이한다.

5 대접에 밥을 담고 불고기, 나물, 달걀프라이를 보기 좋게 올리고 비빔고추장을 곁들여 비벼 먹는다.

뿌리채소 영양밥

마트에서 쉽게 구할 수 있는
연근과 당근을 넣어 지은 영양밥입니다.
멥쌀에 찹쌀을 섞어 영양밥을 지으면
끈기가 더해져 식감이 한층 부드러워지고
향도 구수합니다. 표고버섯을 넣어
향긋하고 쫄깃한 식감도 더했습니다.

기본 재료 (4인분)

멥쌀 2컵

찹쌀 ½컵

연근 50~100g

당근 50g

표고버섯 5개

밥물

다시마물 2½컵

청주 1큰술

소금 · 간장 1작은술씩

※ 다시마물 만드는 법은 22p를 참고하세요.

만드는 법

1 멥쌀과 찹쌀은 섞어 씻은 뒤 체에 받쳐 30분 정도 불린다.

2 연근과 당근, 표고버섯은 손질해 먹기 좋은 크기로 썬다.

3 전기밥솥에 불려놓은 쌀과 분량의 밥물 재료, 손질한 뿌리채소를 넣고 백미 코스로 밥을 짓는다.

꼬막살비빔덮밥

꼬막은 철분과 비타민 B₂, 타우린이 풍부해서 빈혈 예방과

간 기능 강화, 동맥경화 예방에 도움이 되기 때문에

남녀노소 누구에게나 좋은 식재료 중 하나입니다.

부추를 송송 썰어 올려 함께 먹으면 꼬막 특유의 향을 상쇄해 줄 뿐 아니라

영양 면에서도 궁합이 좋습니다.

기본 재료 (2인분)

밥 2공기, 삶은 꼬막 살 50g

마늘 3쪽, 대파(흰 부분) ½대

아삭이고추 2개, 부추 10g

양념 재료

홍고추 1개

맛간장 2큰술, 식초 1½큰술

물·통깨·설탕 1큰술씩

참기름 ½큰술

만드는 법

1 마늘은 편으로 썰고, 대파와 아삭이고추는 얇게 송송 썬다.

2 부추는 손질해 2㎝ 길이로 썬다.

3 냄비에 홍고추를 송송 썰어 담고 간장, 물, 설탕을 넣어 섞은 뒤 약불에 올려 끓기 시작하면 ①을 넣고 불을 끈다.
　한김 식으면 식초와 통깨, 참기름을 넣고 고루 섞는다.

4 볼에 삶은 꼬막 살과 부추를 넣고 ③의 양념장을 넣어 고루 버무린다.

5 그릇에 밥을 담고 양념한 꼬막 살을 올린다.

배
수
삼
찰
밥

달달한 배와 대추에 수삼을 넣어

향을 더한 배수삼찰밥은 참기름과 다시마물을 넣고 지어

소금 간을 살짝 해서 먹으면 반찬 없이도

맛있게 먹을 수 있습니다. 무엇보다 전기밥솥을 이용해

간편하게 지을 수 있다는 것이 장점입니다.

기본 재료 (4인분)

찹쌀 270g

차조 50g

배 1개

수삼 2뿌리

대추 5알

다시마물 1½컵

참기름 · 청주 1큰술씩

소금 약간

※ 다시마물 만드는 법은 22p를 참고하세요.

만드는 법

1 찹쌀과 차조는 각각 씻고 체에 밭쳐 30분 정도 불린다.

2 배와 수삼은 껍질을 벗겨 굵게 다지고, 대추는 돌려 깎아 채 썬다.

3 전기밥솥에 찹쌀과 차조를 담고 다시마물, 참기름, 청주, 소금을 넣고 섞는다.

4 ③에 배, 수삼, 대추를 섞어 얹고 백미 코스로 밥을 짓는다.

연잎영양찰밥

차지면서도 구수한 영양밥에 연잎 향이 은은하게 배

남녀노소 누구나 좋아하는 연잎영양찰밥입니다.

한 번에 많이 지어 냉동보관 해두고 필요할 때마다 찜기에 찌면

갓 지은 밥처럼 맛있게 즐길 수 있습니다.

소풍이나 나들이할 때 도시락으로 싸도 좋고요.

기본 재료 (4인분)

찹쌀 3½컵

흑미 ½컵

물 3⅓컵

연잎 4장

청주·식용유 1큰술씩

소금 ½큰술

밤·단호박·콩 약간씩

만드는 법

1 찹쌀과 흑미는 깨끗이 씻고 체에 밭쳐 30분 정도 불린다.

2 전기밥솥에 찹쌀과 흑미, 분량의 물을 붓고 청주, 식용유, 소금을 넣고 휘저은 뒤 밤, 단호박, 콩을 추가해 압력 코스로 밥을 짓는다.

3 생연잎은 깨끗이 씻어 끓는 물에 삶은 후 식혀 ②의 밥을 적당량 올리고 감싼다.

4 김이 오르는 찜기에 ③을 올려 5분 정도 찐다.

냉이밥

겨울철 냉이는 잎이 풍성한 반면

봄철 냉이는 뿌리가 굵지요. 냉이의 굵은 뿌리는

향은 좋지만 식감은 거친 편인데,

들기름에 살짝 볶아 밥을 지으면 부드러워져 먹기 좋습니다.

색이 고운 빨강·노랑 파프리카를 곁들이면

보기에도 좋고 달고 개운한 맛을 더할 수 있습니다.

기본 재료 (3인분)

멥쌀 2컵

찹쌀 1컵

냉이 100g

다시마 물 3컵

빨강·노랑 파프리카 ½개씩

들기름 2큰술

만드는 법

1 멥쌀과 찹쌀은 씻은 뒤 체에 밭쳐 30분 정도 불린다.

2 냉이는 끓는 물에 살짝 데쳐 찬물에 헹구고 물기를 꼭 짠 뒤 먹기 좋은 크기로 썬다.
   달군 팬에 들기름을 두르고 살짝 볶는다.

3 파프리카는 반으로 갈라 씨를 빼고 먹기 좋은 크기로 네모지게 썬다.

4 전기밥솥에 불린 쌀을 넣고 다시마물을 부은 뒤 볶은 냉이와 파프리카를 얹고 백미 코스로 밥을 짓는다.

봄나물밥

두릅밥을 지을 때 두릅은 준비한 분량의 절반 정도만 밥에 넣고
절반은 데쳐서 마지막에 밥과 섞으면 두릅 특유의 향과 식감이 살아나요.
표고버섯을 넣으면 감칠맛도 더할 수 있고 식감도 쫄깃해 훨씬 맛있습니다.

기본 재료 (4인분)

멥쌀 3컵

찹쌀 1컵

두릅 200g

불린 표고버섯 3개

다시마(5×5cm) 2장

들기름 2큰술

꽃게액젓(또는 맑은 액젓) 1큰술

물 4컵

소금 약간

만드는 법

1 멥쌀과 찹쌀은 씻고 체에 밭쳐 30분 정도 불린다.

2 두릅은 손질해 절반만 덜어 소금을 약간 넣은 끓는 물에 데치고 찬물에 헹군 뒤
   물기를 짜고 꽃게액젓과 들기름을 넣어 버무린다.

3 물에 불린 표고버섯과 다시마를 넣고 1시간 정도 지나면 체에 밭쳐 물만 받는다.

4 ③의 표고버섯을 꺼내 얇게 편 썬다.

5 전기밥솥에 불린 멥쌀과 찹쌀을 넣고 ②에서 남은 두릅과 편 썬 표고버섯을 넣는다.
   ③의 표고다시마물을 부어 백미 코스로 밥을 짓는다.

6 ⑤의 밥에 ②의 두릅을 먹기 좋게 찢어 넣고 섞는다.

닭가슴살건가지밥

가지의 물컹한 식감을 싫어하는 분들도 많습니다.

그러나 말린 가지를 불려 양념에 무치면 식감이 쫀득해져

가지를 싫어하는 분들도 맛있게 즐길 수 있어요.

말린 가지를 넣어 지은 닭가슴살건가지밥은 담백한 닭가슴살과

쫀득한 건가지가 어우러져 맛과 영양을 모두 잡은 별미 밥입니다.

기본 재료 (4인분)

멥쌀 1½컵, 찹쌀 ½컵

닭가슴살 200g

말린 가지 100g

다시마물 2½컵

닭가슴살 양념 재료

청주·들기름 1큰술씩

다진 마늘 ½큰술, 소금 ⅓작은술

가지 양념 재료

들기름 1큰술, 꽃게액젓(또는 맑은 액젓) ½큰술

※ 다시마물 만드는 법은 22p를 참고하세요.

만드는 법

1 멥쌀과 찹쌀은 씻고 체에 밭쳐 30분 정도 불린다.

2 닭가슴살은 어슷하게 포를 떠서 분량의 닭가슴살 양념을 넣고 버무린 뒤 팬에 올려 살짝 볶는다.

3 말린 가지는 물에 씻어 미지근한 물에 10분 정도 불려 꼭 짜고 분량의 가지 양념을 넣어 고루 버무린다.

4 전기밥솥에 불린 쌀을 담고 다시마물을 부은 뒤 양념한 닭가슴살과 말린 가지를 올려 백미 코스로 밥을 짓는다.

전복영양밥

전복영양밥은 들기름의 고소한 맛과 전복의 쫄깃한 식감이 어우러져

별다른 반찬 없이 오이지만 곁들여 먹어도 맛있습니다.

전복죽을 할 때에는 내장을 사용하지만, 이 전복영양밥에는 내장을 넣지 않고

살만 발라 썰어 넣어 비린 것을 싫어하는 아이들도 맛있게 먹을 수 있어요.

기본 재료 (4인분)

전복(중간 크기) 2개

찹쌀·멥쌀 1컵씩

은행 10알

대추 5알

다시마물 2컵

들기름 2큰술

청주 1큰술

소금 ¼작은술

식용유 약간

※ 다시마물 만드는 법은 22p를 참고하세요.

만드는 법

1 찹쌀과 멥쌀은 씻어 체에 밭쳐 30분 정도 불린다.

2 전복은 내장을 빼고 살만 발라 이빨을 잘라내고 어슷하게 편으로 썬다.

3 은행은 팬을 달궈 식용유를 약간 두르고 볶아 껍질을 벗긴다.

4 대추는 씨를 빼고 적당한 크기로 썬다.

5 달군 냄비에 들기름을 두르고 찹쌀과 멥쌀을 볶은 다음 전기밥솥에 넣고 전복, 은행, 대추, 다시마물, 청주,
   소금을 넣어 백미 코스로 밥을 짓는다.

시래기새우솥밥

시래기와 무는 들기름을 두른 솥에 먼저 넣고 달달 볶은 후

밥을 지으면 구수한 들기름 맛이 시래기와 무에 스며들어 맛있습니다.

솥밥으로 지으면 살짝 눌어붙은 누룽지까지 생겨 구수한 맛이 배가되지요.

또한 취향에 따라 새우나 전복과 같은 해산물을 곁들이면

맛도 영양도 업그레이드할 수 있습니다.

기본 재료 (4인분)

멥쌀 2컵

불린 시래기 · 무 · 칵테일 새우 100g씩

들기름 2큰술

청주 1큰술

꽃게액젓(또는 맑은 액젓) 1작은술

다시마 3×3㎝ 1장

물 2½컵

만드는 법

1 쌀은 씻은 뒤 10분 정도 물에 불려 체에 밭친다.

2 불린 시래기는 물기를 꼭 짜서 먹기 좋은 크기로 썰고, 무는 손가락 굵기로 채 썬다.

3 두꺼운 냄비에 들기름을 두르고 시래기와 무를 넣어 볶다가 쌀과 물, 청주, 꽃게액젓, 다시마를 넣고
　마지막으로 새우를 올려 뚜껑을 덮고 강불에서 끓인다.

4 ③이 끓어오르면 중불에서 끓이다 물이 자작해지면 약불로 줄여 뜸을 들인다.

마
밥

마는 식초를 탄 물에 담갔다가 사용하면 떫은맛을 제거해줍니다.
마밥에 삭힌 고추장아찌와 홍고추, 액젓 등을 넣어 만든 양념장을 곁들여 비벼 먹으면
칼칼한 맛이 담백한 마밥과 어우러져 별미입니다.

기본 재료 (4인분)

멥쌀 1½컵

찹쌀 ½컵

마 100g

검정깨 ⅓작은술

대추채 약간

밥물 320㎖

식촛물 2컵(물 2컵, 식초 1작은술)

양념장 재료

다진 삭힌 고추장아찌 1개 분량

다진 홍고추 ¼개 분량

액젓 ½큰술

참기름 · 통깨 1작은술씩

만드는 법

1 멥쌀과 찹쌀은 씻고 체에 밭쳐 30분 정도 불린다.

2 마는 껍질을 벗기고 사방 2㎝ 크기로 썰어 식촛물에 10분 정도 담갔다가 건져 흐르는 물에 씻는다.

3 전기밥솥에 불린 쌀을 담고 마를 섞은 뒤 밥물을 부어 백미 코스로 밥을 짓는다.

4 마밥에 대추채와 흑임자를 뿌려 그릇에 담고 분량의 재료를 섞어 만든 양념장을 곁들여 낸다.

콩나물김치밥

콩나물은 밥을 지을 때 넣지 않고 살짝 데쳐 다 지어진 밥에 넣고 섞어야

식감이 좋아집니다. 또 콩나물은 살짝 삶아 바로 찬물에 담가야 질기지 않고 아삭합니다.

콩나물 삶은 물은 버리지 말고 두었다가 밥을 지을 때 넣으면

콩나물 향이 밥에 스며들어 훨씬 맛있어요.

기본 재료 (4인분)

멥쌀 2½컵, 찹쌀 ½컵

김치 150g

돼지고기 120g

콩나물 100g

김치 양념 재료

참기름 ½큰술, 설탕 1작은술, 후춧가루 ¼작은술

돼지고기 양념 재료

간장 · 다진 파 · 참기름 1큰술씩

설탕 · 다진 마늘 ½큰술씩

만드는 법

1 멥쌀과 찹쌀은 섞고 씻어 체에 밭쳐 30분 정도 불린다.

2 김치는 속을 털어내고 먹기 좋은 크기로 송송 썰어 분량의 양념 재료를 넣어 버무린다.

3 돼지고기는 식감이 느껴지도록 큼직하게 다져 분량의 양념을 넣어 버무린다.

4 콩나물은 다듬고 씻어 끓는 물에 뚜껑을 열고 살캉살캉하게 데친 다음 바로 찬물에 헹궈 건지고
   콩나물 삶은 물 2컵은 따로 둔다.

5 전기밥솥에 ①의 쌀을 담고 콩나물을 뺀 나머지 재료와 ④의 콩나물 삶은 물 2컵을 부어 백미 코스로 밥을 짓는다.

6 ⑤의 밥이 완성되면 데친 콩나물을 넣고 골고루 섞어 양념장을 곁들여 낸다.

팥
밥

팥밥을 지을 때에는 소금을 약간 넣는 것이 좋습니다.

소금은 독을 풀고 배변을 부드럽게 하는 팥의 성분을 강화하는 효과가 있으니까요.

팥밥을 할 때에는 첫 번째 삶은 물은 버리고 두 번째 삶은 물은 식혀

밥을 지을 때 같이 넣으면 팥의 향과 풍미를 더욱 진하게 느낄 수 있어요.

기본 재료 (4인분)

멥쌀 1컵

찹쌀·팥·차조 ½컵씩

물 12컵

소금 약간

만드는 법

1 멥쌀과 찹쌀, 차조는 섞고 씻어 체에 밭쳐 30분 정도 불린다.

2 팥은 깨끗이 씻어 냄비에 담고 물 6컵을 부어 한소끔 끓으면 물을 따라 버린다.

3 ②에 다시 물 6컵을 부어 팥알이 터지지 않을 정도로 삶아 건지고 물은 따로 둔다.

4 전기밥솥에 ①을 담고 삶은 팥, 소금을 넣은 뒤 팥 삶은 물 2½컵을 부어 백미 코스로 밥을 짓는다.

현미영양밥

현미는 12시간 정도 불려야 밥을 지었을 때 소화가 잘되고 식감도 부드럽습니다.

생수 대신 다시마물을 넣으면 감칠맛을 더할 수 있지요.

현미와 다시마를 함께 먹으면 탈수증이 왔거나

체력이 심하게 떨어졌을 때 보완하는 효과가 커진다고 해요.

기본 재료 (4인분)

현미 1½컵

찹쌀 ⅓컵

흑미 1큰술

표고버섯(중간 크기) 4개

새송이버섯 1개

대추 5알

다시마물 2컵

청주 1큰술

※ 다시마물 만드는 법은 22p를 참고하세요.

만드는 법

1 현미는 씻어 12시간 정도 물에 불린 뒤 체에 밭친다.

2 찹쌀과 흑미는 섞고 씻어 30분 정도 물에 불린 뒤 체에 밭친다.

3 표고버섯은 어슷하게 썰고 새송이버섯은 두툼하게 썬다.

4 대추는 씨를 빼고 적당한 크기로 썬다.

5 전기밥솥에 현미와 찹쌀, 흑미를 담고 표고버섯, 새송이버섯과 대추를 올린 후 다시마물과 청주를 부어
   백미 코스로 밥을 짓는다.

별
미

무
홍
합
밥

홍합의 감칠맛과 무의 달콤한 맛이 어우러지고
참기름의 고소한 향까지 더해져
아이들을 위한 영양밥으로도 추천합니다.
겨울 무는 물이 많다 보니 밥을 지을 때에는 두껍게 썰어 넣어야
무의 식감을 살릴 수 있습니다.

기본 재료 (3인분)

쌀 1½컵

생홍합 살 200g, 굵게 채 썬 무 100g

참기름 4큰술

송송 썬 쪽파 약간

밥물 재료

맛간장 3⅓큰술

설탕 1⅓큰술

청주 1큰술

물 1¼컵

만드는 법

1 쌀은 씻고 체에 받쳐 30분 정도 불린다

2 냄비를 달궈 참기름을 두르고 불린 쌀을 넣고 투명해질 때까지 볶다가 무와 홍합 살을 넣어 살짝 볶는다.

3 전기밥솥에 ②와 쌀, 밥물 재료를 넣고 백미 코스로 밥을 짓는다.

4 그릇에 밥을 퍼 담고 송송 썬 쪽파를 뿌려 낸다.

취나물 구운 버섯밥

생취나물을 이용해 만들어 식감이 부드럽습니다.

취나물에 따로 간을 해서 밥을 지으면 취나물 국물이 밥에 스며들어

자연스럽게 간이 되고 특유의 향이 더해져 맛있지요.

느타리버섯은 기름을 두르지 않은 팬에 구워서 넣어야

맛이 깔끔합니다.

기본 재료 (4인분)

멥쌀·찹쌀 1½컵씩

물 2½컵

생취나물·느타리버섯 100g씩

취나물 밑간 재료

들기름 1큰술

맛육수(또는 참치액) ½큰술

다진 마늘 ¼큰술

만드는 법

1 멥쌀과 찹쌀은 씻고 체에 밭쳐 30분 정도 불린다.

2 생취나물은 끓는 물에 살짝 데쳐 찬물에 헹군 뒤 물기를 꼭 짜서 볼에 담고 분량의 밑간 재료를 넣어
   조물조물 무친다.

3 느타리버섯은 팬을 달궈 기름을 두르지 말고 고루 굽는다.

4 전기밥솥에 불린 쌀을 넣고 물을 부은 뒤 밑간한 취나물과 구운 느타리버섯을 올려 백미 코스로 밥을 짓는다.

입맛 돋우는 매일 반찬

밑반찬을 든든하게 만들어 놓으면 영양 밸런스를 맞춰 줄 뿐 아니라 식탁을 한층 풍성하게 만들어 줍니다. 국 하나에 밑반찬 몇 가지가 상에 놓이면 한 끼는 훨씬 다다해지고 준비 시간도 확연하게 줄어들게 되지요. 든든한 반찬만으로도 외식을 줄이고 집밥을 보다 쉽게 차릴 수 있는 원동력이 됩니다. 책에 소개된 반찬들은 모두 '미자언니네 그로서란트'와 '마켓컬리'에서 판매하고 있는 시그니처 메뉴들이 대부분입니다. 또한 저희 집 식탁에서 가족들에게 사랑받고 있는 반찬들이기도 하고요. 미자언니가 제안하는 정성스러운 정갈한 반찬으로 여러분의 사계절이 더욱 풍성해지기를 바랍니다.

청양고추
명란비빔장

막을 제거한 명란 알을 잘게 풀어낸 명란분태는

양념에 고루 어우러져 은은한 감칠맛을 더하기 좋습니다. 칼칼한 청양고추의 매운 향,

톡톡 터지는 명란의 풍미, 표고버섯의 쫄깃한 식감이 균형 있게 어우러져

따끈한 밥은 물론 쫄깃하게 삶은 면과도 훌륭한 궁합을 자랑하는 비빔장입니다.

명란은 오래 가열하면 식감이 단단해지고 풍미가 탁해지므로,

조리의 마지막 단계에 넣어 가볍게 섞어 완성하는 것이 가장 좋습니다.

기본 재료

명란분태 80g

청양고추 150g

청고추 50g

표고버섯 30g

홍고추 10g, 식용유 1큰술

양념 재료

생수 ¼컵

맛육수(또는 참치액) 1큰술

꽃게액젓(또는 맑은 액젓)·맛술·청주 1작은술씩

소금 ¼작은술

만드는 법

1 청양고추, 청고추, 홍고추, 표고버섯은 각각 다지기에 넣어 입자가 살아 있도록 다진다.

2 다진 홍고추는 체에 담아 가볍게 헹궈 과한 붉은 색과 풋내를 덜어낸다.

3 달군 웍에 식용유 1큰술을 두르고 청양고추, 청고추, 표고버섯을 먼저 볶아 향을 낸다.

4 양념 재료를 넣어 함께 볶고, 수분이 절반으로 줄어들 때까지 끓이며 농도를 잡는다.

5 ④의 양념에 명란분태를 넣어 섞어 익힌 뒤 마지막에 홍고추를 더해 가볍게 섞고 불을 끈다.

오징어 꽈리고추 조림

짭조름하게 배인 양념에 오징어의 쫄깃함과 꽈리고추의 향긋함이 어우러져
밥반찬으로 손색없는 조림입니다. 짧은 시간에 조려 재료의 식감을 살리고,
마무리 참기름과 통깨로 고소함을 더합니다.
꽈리고추는 물기를 완전히 제거해야 볶을 때 기름이 튀지 않습니다.
또 오징어는 미리 데친 뒤 살짝만 볶아 탱글한 식감을 살리는 것이 중요합니다.

기본 재료

오징어 200g, 꽈리고추 100g

홍고추 1개

식용유 3큰술

참기름 · 통깨 ½큰술씩

양념 재료

맛간장 2큰술

맛육수(또는 참치액) · 올리고당 · 맛술 · 다진 마늘 1큰술씩

만드는 법

1 끓는 물에 오징어를 30~40초간만 살짝 데쳐 건진 뒤 먹기 좋은 크기로 자른다.

2 꽈리고추는 깨끗이 씻어 체에 밭쳐 물기를 완전히 제거한다.

3 홍고추는 동그랗게 송송 썬다.

4 팬에 식용유를 두르고 중불로 달군 뒤 꽈리고추를 먼저 볶아 향을 낸다.
　여기에 데친 오징어와 양념 재료를 모두 넣고 중약불로 줄여 3~4분간 자작하게 조린다.

5 홍고추, 참기름, 통깨를 넣어 가볍게 섞고 불을 끈다.

고등어무조림

짭조름하면서도 달큰한 양념이 속살 깊이 배어든 고등어무조림은

밥 한 그릇을 뚝딱 비우게 하는 대표적인 집밥 반찬입니다.

무의 시원한 단맛과 고등어의 고소한 풍미가 어우러져 국물까지 버릴 게 없죠.

맛술을 넣어 비린내를 잡고, 식용유 한 방울로 윤기를 더하면

한층 더 깊고 부드러운 맛을 낼 수 있습니다.

기본 재료

고등어 2마리

무 170g, 대파 1대, 홍고추 · 청양고추 1개씩

양념 재료

물 1컵, 고춧가루 3큰술, 맛간장 · 맛술 2큰술씩

꽃게액젓(또는 맑은 액젓) · 맛육수(또는 참치액) · 청주

설탕 · 올리고당 · 다진 마늘 · 식용유 1큰술씩

다진 생강 ½작은술

후춧가루 약간

만드는 법

1 고등어는 깨끗하게 손질해 먹기 좋은 크기로 썬다.

2 무는 큼직하게 썰고, 대파와 홍고추, 청양고추는 어슷썬다.

3 양념 재료를 한데 섞어 5~10분 정도 두어 맛이 어우러지게 한다.

4 냄비 바닥에 무를 깔고, 그 위에 고등어를 얹은 뒤 물을 붓고 양념장을 골고루 올린다.

5 센 불에서 끓기 시작하면 중약불로 줄이고 20분 정도 조린다.

6 국물이 자박자박하게 졸면 대파, 홍고추, 청양고추를 넣고 한소끔 끓인 뒤 불을 끈다.

굴소스어묵조림

쫄깃한 어묵에 굴소스의 깊은 풍미를 더해 감칠맛이 풍부한

굴소스어묵조림은 고소하고 달큰한 맛이 입안 가득 퍼지는 밥반찬이에요.

양파와 당근을 함께 볶아내면 아삭한 식감이 살아 있고,

통깨와 참기름으로 마무리하면 향긋한 풍미까지 완성됩니다.

어묵을 한 번 데치면 기름기가 제거되어 한층 깔끔하고 부드러운 맛을 즐길 수 있어요.

기본 재료

사각어묵 4장

양파 ½개

당근 약간

식용유 1큰술

후춧가루 약간

참기름 1큰술

통깨 ½큰술

양념 재료

맛간장·굴소스·올리고당·다진 마늘 1큰술씩

만드는 법

1 사각어묵은 길이대로 가늘게 썬 뒤 끓는 물에 살짝 데쳐 찬물에 헹구고 물기를 제거한다.

2 양파와 당근은 가늘게 채 썬다.

3 달군 팬에 식용유를 두르고 양파를 넣어 향이 날 때까지 볶는다. 데친 어묵과 당근, 후춧가루를 넣고 살짝 볶는다.

4 ③에 양념 재료를 모두 넣고 강중불에서 고루 볶아 윤기를 낸다.

5 불을 끄고 참기름과 통깨를 넣어 버무린다.

판
달걀찜

판 달걀찜은 우리가 익숙한 뚝배기 달걀찜과 달리,

넓고 평평한 용기에 부드럽게 찐 달걀 요리입니다. 잘 식혀 썰면 도시락 반찬이나

손님상에 내기 좋은 단정한 한 접시가 되지요. 달걀물을 한 번 체에 거르면

식감이 더욱 매끄러워지고, 약불에서 천천히 찌면 표면이 고르게 익어 갈라지지 않습니다.

찜 용기에 참기름을 바르면 달걀이 쉽게 떨어지고 은은한 고소함이 배어듭니다.

기본 재료

달걀 6개

물 1컵

다진 당근 2큰술

다진 쪽파 1큰술

참기름 ½큰술

양념 재료

맛육수(또는 참치액) 1큰술

맛술 1큰술

소금 약간

만드는 법

1 달걀은 곱게 풀어 체에 걸러 알끈을 제거한다.

2 풀어둔 달걀에 물, 다진 당근, 다진 쪽파, 양념 재료를 넣고 고루 섞는다.

3 찜용 용기에 참기름을 골고루 바른 뒤 ②의 달걀물을 붓고 랩을 씌운다.

4 찜기에 올려 약불에서 20분 정도 찐다. 젓가락으로 찔러 달걀이 묻어나지 않으면 완성이다.

5 완성된 판 달걀찜을 먹기 좋게 썬다.

양배추다시마 우렁쌈밥

우리 몸속 노폐물 배출을 돕고 장 건강에 이로운 양배추와 다시마에
구수한 우렁쌈장을 곁들이면 입맛을 돋우면서 건강까지 챙길 수 있습니다.
양배추는 김이 오른 찜기에 약 5분 정도만 쪄야 아삭한 식감과 단맛이 살아나고,
다시마는 찬물에 여러 번 헹궈 짠맛을 충분히 빼주는 것이 중요합니다.
우렁쌈장은 양배추쌈은 물론 다양한 쌈 요리에 두루 잘 어울리는 다용도 장입니다.

기본 재료

양배추·다시마 적당량씩

우렁이살 50g, 새송이버섯 60g, 양파 ½개, 청양고추 3개, 홍고추 1개

식용유 1큰술, 다진 마늘 2큰술, 멸치 가루 1큰술씩, 된장 2½큰술

굵은 고춧가루 ½큰술, 물엿 1큰술, 물 30㎖

만드는 법

1 양배추는 찜기에 김이 오르면 올려 뚜껑을 덮고 5분 정도 찐 뒤 꺼내 식힌다.

2 다시마는 소금기를 털어낸 뒤 찬물에 담가 짠맛을 제거하고, 여러 번 물을 갈아가며 헹군 후 물기를 빼고
   먹기 좋은 크기로 자른다.

3 우렁이살은 깨끗이 여러 번 씻어 체에 밭쳐 물기를 뺀다.

4 새송이버섯과 양파는 잘게 다지고, 청양고추와 홍고추는 동그랗게 송송 썬다.

5 달군 웍에 식용유를 두르고 양파와 다진 마늘을 넣어 볶다가 양파가 투명해지면 새송이버섯과 멸치 가루를
   넣고 한 번 더 볶는다.

6 ⑤에 된장과 굵은 고춧가루, 물엿, 물을 넣어 바글바글 끓인다. 채소에 양념이 고루 어우러지면 우렁이살을
   넣고 한소끔 더 끓인다.

7 마지막으로 청양고추와 홍고추를 넣어 섞은 뒤 불을 끈다.

8 접시에 양배추와 다시마를 담고 우렁쌈장을 곁들여 낸다.

알
감
자
조
림

알감자조림은 껍질째 삶은 작은 감자를

달콤짭조름한 간장 양념에 졸여낸 한식 반찬입니다.

감자의 포슬한 식감에 윤기 나는 조림장이 배어 밥반찬으로 훌륭하며,

식어도 맛이 그대로 살아 있어 도시락 반찬으로도 제격이지요.

감자를 너무 오래 삶으면 쉽게 으스러지니 약 80% 정도만 익히는 게 좋습니다.

매운맛을 더하고 싶다면 청양고추를 송송 썰어 넣어도 맛있습니다.

기본 재료

알감자 600g

올리고당 1큰술

참기름 · 통깨 · 검정깨 ⅛큰술씩

송송 썬 쪽파 약간

양념 재료

맛간장 4큰술

올리고당 · 식용유 2큰술씩

만드는 법

1 알감자는 껍질째 깨끗이 씻어 냄비에 담고 감자가 잠길 정도로 물을 붓는다. 중불에서 약 10분간 삶은 뒤
  체에 밭쳐 물기를 뺀다.

2 냄비에 삶은 감자와 양념 재료를 모두 넣고 중불에서 졸인다. 양념이 어느 정도 끓기 시작하면 약불로 줄여
  감자에 양념이 고루 배어들도록 조린다.

3 불을 끄고 올리고당, 참기름, 통깨, 검정깨, 쪽파를 넣어 가볍게 섞는다.

연근조림

아삭한 연근을 달콤짭조름한 간장 양념에 졸여낸 연근조림은 밥반찬으로 인기가 높습니다.

식어도 맛이 변하지 않아 도시락 반찬으로도 좋습니다.

연근을 삶을 때 식초를 넣으면 색이 변하지 않고 아삭한 식감이 살아나며,

올리고당을 조리의 마지막 단계에 넣으면 표면이 매끈하고 윤기가 돌아

더욱 먹음직스럽게 완성됩니다.

기본 재료

연근 500g, 식용유 2큰술

올리고당 2큰술

참기름·통깨·검정깨 ½큰술씩

양념 재료

맛간장 3½큰술

설탕 2큰술, 맛술 1큰술

물 1컵

연근 삶기용 재료

물 적당량

소금 1큰술, 식초 1작은술

만드는 법

1 연근은 깨끗이 씻은 뒤 필러로 껍질을 벗기고 0.8㎝ 두께로 동그랗게 썬다.

2 냄비에 연근이 잠길 만큼 물을 붓고 소금과 식초를 넣는다. 물이 끓기 시작하면 10분 정도 데친 뒤
   찬물에 헹궈 물기를 뺀다.

3 달군 웍에 식용유를 두르고 ②의 연근을 넣어 4~5분간 볶는다.

4 양념 재료를 넣고 뚜껑을 덮어 10~15분간 졸인다. 중간에 2~3번 저어주어 양념이 고루 스며들게 한다.

5 뚜껑을 열고 중불에서 올리고당을 넣고 수분이 날아갈 때까지 졸인다. 마지막에 참기름, 통깨, 검정깨를 넣고
   가볍게 섞는다.

통들깨시래기 나물볶음

부드럽게 삶은 시래기를 들기름과 통들깨로 볶아낸 고소하고 구수한 나물 반찬입니다.
시래기에 꽃게액젓과 맛육수를 더해 깊은 감칠맛을 내고, 마지막에 통들깨를 넣어
고소함과 톡톡 씹히는 식감을 더해줍니다. 자작하게 졸인 국물 덕분에 촉촉하면서도
부드러운 식감이 살아 있으며, 된장찌개나 구이 요리와 함께 곁들이면
훌륭한 한 끼 밥상이 됩니다.

기본 재료
데친 시래기 1kg
대파(흰 부분) ½대,
다진 마늘·꽃게액젓(또는 맑은 액젓) 2큰술씩
맛육수(또는 참치액)·식용유 1큰술씩
들기름 2큰술
생수 1컵
설탕 1큰술
들깨가루 3큰술, 통들깨 1큰술

만드는 법
1 데친 시래기는 물에 30분 정도 담가 냄새를 뺀 후 물기를 꼭 짠다.
  줄기 부분의 질긴 껍질을 벗기고 먹기 좋은 길이로 썬다.
2 대파는 길이로 반 갈라 송송 썬다.
3 손질한 시래기에 다진 마늘, 꽃게액젓, 맛육수를 넣고 조물조물 무친다.
4 달군 팬에 식용유와 들기름 1큰술씩을 두르고 양념한 ③의 시래기를 넣어 볶는다.
5 ④에 생수와 설탕을 넣고 뚜껑을 덮어 중불에서 10분간 자작하게 끓인다.
6 국물이 자작하게 졸아들면 대파, 나머지 들기름 1큰술, 들깨가루, 통들깨를 넣고 한소끔 더 볶은 뒤 불을 끈다.

구운가지무침

겉은 촉촉하고 속은 부드럽게 구운 가지를
고소하고 매콤한 양념에 버무린 별미 반찬입니다.
참기름과 통깨가 풍미를 더하고,
쪽파와 홍고추가 아삭한 식감과 알싸한 맛을 더해 입맛을 돋워줍니다.
간단히 만들 수 있어 밥반찬이나 반찬 도시락 메뉴로도 좋습니다.

기본 재료

가지 2개

송송 썬 쪽파·송송 썬 홍고추 1큰술씩

참기름 ½큰술

통깨 약간

양념 재료

맛간장 1큰술

꽃게액젓(또는 맑은 액젓)·맛육수(또는 참치액)·고춧가루·올리고당·다진 마늘 ½큰술씩

만드는 법

1 가지는 길이로 반으로 가른 뒤 1㎝ 두께로 길이로 2~3등분한다.

2 180℃로 예열한 에어프라이어에 가지를 올려 5분 정도 굽고 뒤집어 3~4분 더 굽는다.

3 볼에 구운 가지와 양념 재료를 넣고 골고루 무친다.

4 송송 썬 쪽파와 홍고추, 참기름, 통깨를 넣어 다시 한 번 버무린다.

꽈리고추찜

꽈리고추찜은 재료가 단순하지만 손맛이 살아나는 반찬이에요.

꽈리고추에 남아 있는 물기만으로 밀가루를 묻히면 과하게 들러붙지 않아 찜기에 올렸을 때

한 올 한 올 부드럽게 익고, 양념도 뭉치지 않고 고르게 스며듭니다.

김이 오른 찜기에 살짝만 쪄내면 아삭함은 유지되면서 매운 향만 부드러워져

양념과의 조화가 더욱 깔끔해지지요. 마지막에 송송 썬 청고추와 홍고추를 더하면

색감도 살아나고 전체 맛의 균형도 한층 풍부해집니다.

기본 재료

꽈리고추 150g

밀가루 3큰술

송송 썬 청고추·홍고추 1큰술씩

양념 재료

맛간장 1큰술

꽃게액젓(또는 참치액) ½큰술

물엿 1½큰술

고춧가루 1큰술

다진 마늘·참기름 ½큰술씩

통깨 1큰술

만드는 법

1 꽈리고추는 꼭지를 따고 씻어 물기가 있는 상태로 준비한다. 접시에 펼쳐 밀가루를 골고루 묻힌다.

2 찜기에 면보를 깔고 김이 오르면 ①의 꽈리고추를 펼쳐 넣고 5분 정도 쪄 한 김 식힌다.

3 분량의 양념 재료를 차례대로 넣고 섞어 양념장을 만든다.

4 볼에 찐 꽈리고추와 양념장을 넣고 가볍게 섞은 뒤 송송 썬 청고추와 홍고추를 넣어 한 번 더 고루 섞는다.

오이지무침

아삭하게 절인 오이지를 매콤달콤하게 버무린 반찬입니다.

짭조름한 오이지에 고춧가루와 올리고당, 참기름이 어우러져

밥반찬으로 즐기기 좋으며, 새콤하고 감칠맛 나는 맛이 특징이에요.

오이지를 찬물에 담가 짠기를 빼면

짠맛이 과하지 않고 부드럽게 즐길 수 있습니다.

기본 재료

오이지 3개

송송 썬 쪽파 1큰술

홍고추 ½개

양념 재료

고춧가루 · 설탕 · 올리고당 ½큰술씩

다진 마늘 1작은술

참기름 · 통깨 ½작은술씩

만드는 법

1 오이지는 0.2cm 두께로 모양대로 동그랗게 썰어 찬물에 10분 정도 담가 짠기를 뺀다.

2 짠기를 뺀 오이지는 키친타월로 감싸 물기를 꼭 짠다.

3 볼에 오이지와 양념 재료를 넣어 버무린 뒤 송송 썬 쪽파와 홍고추를 넣어 가볍게 버무린다.

뚝배기 달걀찜

뚝배기에서 천천히 익혀 봉긋하게 부풀어 오른 달걀찜은
속결이 촉촉하고 부드러운 것이 특징입니다.
당근과 쪽파, 표고버섯, 홍고추를 더해 색감과 향을 살리고,
맛육수로 은은한 감칠맛을 채웠습니다.
달걀물은 한 방향으로 고르게 풀어 약한 불에서 서서히 쪄 내면 거품이 가라앉아
표면은 매끈해지고 속은 더욱 포슬포슬하고 촉촉하게 완성됩니다.

기본 재료

달걀 4개, 당근 ¼개
쪽파 2줄기, 표고버섯 1개
홍고추 ½개, 생수 1컵
맛육수(또는 참치액) 1½큰술
소금 약간

만드는 법

1 달걀을 곱게 푼다.

2 당근과 쪽파, 표고버섯, 홍고추는 곱게 다져 한데 섞어 놓는다.

3 곱게 푼 달걀은 체에 걸러 다진 채소의 ¾ 분량을 넣어 고루 섞는다.

4 뚝배기에 생수와 맛육수, 소금을 넣어 고루 섞는다.

5 ④가 끓으면 ③을 넣고 한 방향으로 계속 저어가며 끓이다 끓기 시작하면 약불로 줄여
   달걀찜이 봉긋해질 때까지 익힌다.

6 달걀찜이 완성되면 다진 채소 남은 것을 고명으로 올려 완성한다.

아몬드미역자반

시판 미역 중 이미 잘라 놓은 제품을 고르면 손질이 간편하고
3㎝ 길이로 한 번 더 잘라 사용하면 좋습니다.
미역자반은 미역 특유의 깊은 풍미에 바삭한 식감, 달콤한 조림 소스와
고소한 아몬드가 어우러져 반찬으로도 또 술안주로도
훌륭한 별미입니다.

기본 재료

말린 미역 30g

아몬드 슬라이스 1큰술

식용유 약간

조림 소스 재료

설탕 · 꿀 2큰술씩

생수 1큰술

만드는 법

1 말린 미역은 가위로 3㎝ 길이로 자른다.

2 달군 팬에 식용유를 두르고 미역을 넣어 볶는다. 미역의 색이 파르스름해지고
  '톡톡' 소리가 나면 체에 밭쳐 기름을 뺀다.

3 팬에 조림 소스 재료를 넣고 자작하게 끓인 뒤 불을 끈다. ②의 미역을 넣어 고루 버무린 후
  구운 아몬드 슬라이스를 뿌리고 쟁반에 고르게 펴 식힌다.

돼지고기 김치찜

잘 익은 신김치와 돼지고기를 듬뿍 넣고 푹 끓여 깊은 맛을 내는 김치찜은

멸치 육수로 감칠맛을 더해 밥 한 그릇을 순식간에 비우게 되는 별미 중 하나입니다.

신김치는 상태에 따라 설탕 등을 이용해 단맛을 가감하며 간의 밸런스를 맞춰야 합니다.

기본 재료

돼지고기(삼겹살) 600g

신김치 600g, 양파 200g

대파 1대, 다진 마늘 2큰술

청주 1큰술, 다진 생강 5g

멸치 육수 6컵

김치 양념 재료

다진 마늘·고춧가루·맛육수(또는 참치액)·설탕 1큰술씩,

올리고당·참기름 2큰술씩

후춧가루 약간

※ 멸치 육수 만드는 법은 23p를 참고하세요.

만드는 법

1 돼지고기는 먹기 좋은 크기로 썰고, 양파는 1㎝ 두께로 채 썬다. 대파는 어슷하게 썬다.

2 신김치에 분량의 김치 양념 재료를 순서대로 넣고 고루 버무린다.

3 냄비에 돼지고기와 양념한 김치, 양파를 보기 좋게 담은 뒤 준비한 멸치 육수를 붓고 강불에서 끓인다.

4 ③이 끓기 시작하면 중불로 줄여 뚜껑을 덮고 약 50분간 푹 끓인다.

5 마지막으로 대파를 올리고 한소끔 더 끓인 뒤 불을 끈다.

파무침
뚝배기불고기

오랜 시간 열을 품는 뚝배기에 불고기를 끓이면 마지막 한 숟가락까지
따끈하게 즐길 수 있습니다. 여기에 갓 무친 파무침을 얹으면
아삭한 식감과 알싸한 풍미가 더해져 한층 개운한 맛으로 완성되죠.
밥에 비벼 먹어도, 국물을 떠먹어도 부담 없이 깔끔합니다.
파무침은 상에 내기 직전에 올려야 숨이 죽지 않고 향과 식감이 살아 있습니다.

기본 재료

소고기(불고기용) 400g

대파(국물용) ½대, 양파 ⅓개, 표고버섯 1개, 느타리버섯 50g

소고기 양념 재료

생수 ¾컵, 맛간장 3큰술, 흑설탕 1½큰술

간 양파·간 배·물엿·맛술·다진 마늘 1큰술씩

맛육수(또는 참치액) 1큰술, 참기름 ½큰술, 후춧가루 약간

파무침 재료

대파 ⅓대, 고춧가루·설탕·식초 ½작은술씩, 소금 ¼작은술, 참기름 1작은술

만드는 법

1 소고기는 분량의 양념을 넣어 고루 버무린 뒤 30분 이상 재운다.

2 대파(국물용)는 어슷하게 썰고, 양파와 표고버섯은 채 썬다. 느타리버섯은 결대로 찢는다.

3 파무침용 대파는 가늘게 채 썰어 찬물에 5~10분 정도 담가 매운맛을 빼고
   물기를 완전히 털어낸 뒤 양념을 넣고 가볍게 무친다.

4 뚝배기에 재운 소고기를 넣어 익을 때까지 볶듯 끓이고 생수를 부은 뒤 손질한 ②의 채소를 넣어
   중불에서 5분 더 끓인다.

5 불을 끄고 먹기 직전에 파무침을 듬뿍 올려 완성한다.

모닝글로리볶음

마늘과 말린 고추를 볶아 향을 내고, 액젓과 굴소스로 간을 맞춘 모닝글로리볶음은
쌀밥은 물론 다양한 메인 요리에 곁들이기 좋은 메뉴입니다.
조리의 핵심은 충분히 달군 팬. 뜨겁게 달아오른 팬에서 재빨리 볶아야
모닝글로리 특유의 아삭한 식감이 살아 있고 수분이 생기지 않아
깔끔하게 완성됩니다.

기본 재료

모닝글로리(공심채) 200g

통마늘 4쪽

말린 베트남고추 6개

식용유 2큰술

생수 3큰술

양념 재료

생수 1½큰술

꽃게액젓(또는 맑은 액젓) ½큰술

굴소스 ½큰술

설탕 1작은술

만드는 법

1 모닝글로리는 깨끗이 씻어 4㎝ 길이로 자른다.

2 통마늘은 얇게 편 썬다.

3 달군 팬에 식용유를 두르고 마늘을 볶아 향을 낸 뒤 중불로 줄이고 말린 베트남고추를 넣어 가볍게 볶는다.

4 양념 재료를 한데 섞어 놓는다.

5 모닝글로리와 생수, 양념을 넣고 재빨리 볶아 숨이 살짝 죽으면 바로 불을 끄고 접시에 담아낸다.

궁채무침

오독오독 씹히는 식감이 매력적인 궁채무침은 깔끔한 밥반찬은 물론,

기름진 메인 요리와 곁들여도 잘 어울립니다.

궁채는 1분 이상 데치면 쉽게 무르기 때문에 끓는 물에 가볍게 데친 뒤

즉시 찬물에 식혀야 선명한 색과 아삭한 식감을 지킬 수 있습니다.

또한 겉에 수분이 남아 있으면 양념이 겉돌아 싱거워지므로 절인 뒤

물기를 한 번 더 꼭 짜내는 과정이 맛을 완성하는 중요한 포인트입니다.

기본 재료

불린 궁채 200g

식초 약간(데침용)

절임 재료

설탕 · 식초 1큰술씩

소금 ½작은술

양념 재료

맛간장 · 고추기름 · 설탕 1큰술씩

다진 마늘 ½작은술

검정깨 · 통깨 ⅓큰술씩

참기름 ½큰술

만드는 법

1 궁채는 물에 30분 불린 뒤 끓는 물에 식초를 약간 넣고 1분간 데친다.
    찬물에 헹궈 물기를 꼭 짠 후 한입 크기로 자른다.

2 손질한 궁채에 설탕, 식초, 소금을 넣어 1시간 절인 뒤 다시 한 번 물기를 꼭 짠다.

3 볼에 검정깨, 통깨, 참기름을 제외한 양념 재료를 섞어 양념장을 만들고, ②의 궁채에 넣어 고루 버무린다.

4 마지막으로 검정깨, 통깨, 참기름을 더해 한 번 더 가볍게 버무려 완성한다.

우엉조림

기분 좋은 식감과 은근한 단맛이 어우러져 아이들 입맛까지 사로잡는 우엉조림은

계절과 상차림의 분위기를 타지 않는 사계절 밑반찬입니다.

우엉은 식초물에 데쳐야 특유의 떫은맛이 가라앉고 갈변을 막을 수 있어요.

다만 영양 손실과 식감 저하를 피하려면 3분 이상 데치지 않는 것이 중요합니다.

또한 양념이 겉돌지 않고 속까지 스며들도록 중불에서 천천히 조려내야

우엉 특유의 향과 깊은 풍미가 살아납니다.

기본 재료

손질한 우엉 200g

우엉 데침 재료

물 1ℓ

소금 · 식초 ¼큰술씩

양념 재료

물 1컵, 맛술 3큰술

맛간장 · 맛육수(또는 참치액) 1큰술씩

설탕 1½큰술, 식용유 1큰술

물엿 3큰술, 참기름 ½큰술

통깨 약간

만드는 법

1 우엉은 먹기 좋은 길이로 채 썰어 소금과 식초를 넣은 끓는 물에 3분간 데친 뒤 체에 밭쳐 물기를 뺀다.

2 웍에 물엿, 참기름, 통깨를 제외한 양념 재료를 넣어 끓인 뒤 ①의 우엉을 넣어 고루 섞는다.

3 양념이 절반으로 줄어들면 중불로 줄여 15분간 뒤적이며 간이 배어들도록 조린다.

4 물엿을 넣은 뒤 윤기가 나도록 자작하게 졸여 불을 끄고 참기름, 통깨를 넣어 마무리한다.

황태양념구이

황태는 핀셋과 가위를 이용해
가시와 지느러미를 꼼꼼하게 제거해야 먹기 좋습니다.
구울 때 껍질 부분에 두 번 정도 칼집을 넣으면
오그라들지 않아 모양이 한결 정갈해 보이지요.
양념 때문에 탈 수 있으므로 중불에서 달군 팬에 껍질 쪽을
먼저 놓고 앞뒤로 노릇하게 굽는 것이 좋습니다.

기본 재료

황태 2마리
대파 1½대
식용유 약간

양념

간장 · 만능즙 · 설탕 · 올리고당 2큰술씩, 참기름 1큰술
고추장 · 깨소금 · 고운 고춧가루 2작은술씩
후춧가루 · 소금 약간씩

※ 만능즙 만드는 법은 20p를 참고하세요.

만드는 법

1 황태는 뜨거운 물을 앞뒤로 끼얹어 부드럽게 만든 뒤 핀셋과 가위를 이용해
　 가시와 지느러미를 제거하고 물기를 뺀다. 껍질 쪽에 서너 군데 칼집을 넣는다.

2 볼에 분량의 양념 재료를 모두 넣고 섞은 다음 황태 앞뒤에 고루 발라 간이 배게 한다.

3 달군 팬에 식용유를 두르고 황태를 놓고 중불에서 앞뒤로 노릇하게 굽는다.

4 대파는 모양대로 동그랗게 송송 썬 다음 달군 팬에 식용유를 두르고 살짝 볶는다.

5 황태를 먹기 좋은 크기로 잘라 접시에 담고 볶은 대파를 올려 낸다.

간장소스장어튀김

바닷장어는 지방 함량이 10% 정도로 민물장어의 절반밖에 되지 않아
맛이 담백해 남녀노소 누구나 좋아합니다. 달콤하면서도 감칠맛 나는
간장소스를 더하면 아이들도 잘 먹으므로 영양 간식으로도 좋지요.

기본 재료

바닷장어 750g(3마리), 깻잎 10장

대파(흰 부분) 1대, 생강 1톨, 녹말가루 1컵

생강술 약간, 식용유 적당량

간장 소스 재료

간장·청주·맛술 3큰술씩, 설탕·물엿 2큰술씩

대파 ⅓대, 마른 매운 고추 4개, 통후추 1작은술, 양파·생강 50g씩

※ 생강술 만드는 법은 18p를 참고하세요.

만드는 법

1 바닷장어는 머리와 꼬리, 지느러미를 떼고 길이로 반을 가른 다음 껍질 부분이 도마 쪽으로 가게 두고
   뜨거운 물을 끼얹는다. 바닷장어가 오그라들면 숟가락을 이용해 꼬리에서 머리 방향으로 긁어 껍질을 벗긴다.

2 ①의 살 부분에 잔칼집을 넣고 어슷하게 한입 크기로 썬다.

3 손질한 장어는 생강술에 10분 정도 잰 뒤 녹말가루를 묻힌다.

4 깻잎은 씻어 채 썰고, 대파는 길이로 채 썬다.

5 냄비에 분량의 간장 소스 재료를 모두 넣고 팔팔 끓여 ⅔ 정도로 양이 줄면 체에 밭쳐 액만 받는다.

6 생강은 껍질을 벗기고 채 썰어 찬물에 씻은 후 물기를 뺀 다음 식용유를 달궈 노릇하게 튀긴다.

7 튀김용 팬에 식용유를 붓고 170℃로 달군 다음 바닷장어를 넣고 바삭해지도록 조금 오래 튀긴다.

8 접시에 채 썬 깻잎을 깔고 튀긴 바다장어를 간장 소스에 버무려 올린 다음 그 위에 채 썬 파와 튀긴 생강채를 얹는다.

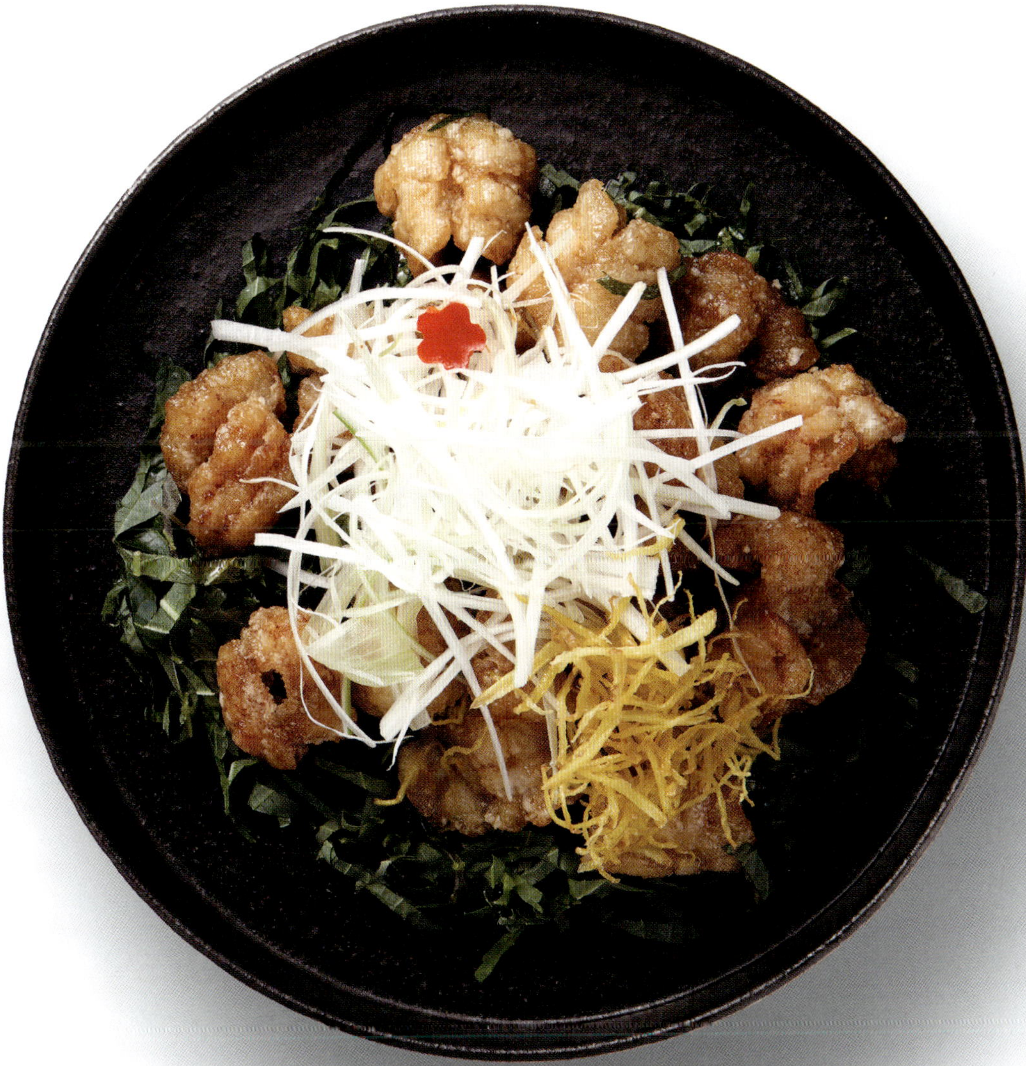

고추장더덕구이

더덕에 고추장을 바르면 쓴맛이 없어지고
찬 성질을 중화해 맛뿐만 아니라 영양적으로도 좋습니다.
더덕을 편으로 썰어 방망이로 자근자근 두드려 펴면
양념이 잘 스며드는 데다 식감이 부드러워집니다.
아삭한 식감이 살도록 살짝 굽는 것이 중요합니다.

기본 재료

더덕 150g

잣가루·쪽파 약간씩

식용유 적당량

기름장 재료

참기름·간장·꿀 1큰술씩

양념 재료

고추장 3큰술, 설탕 1½큰술

깨소금·참기름 1큰술씩

고운 고춧가루·다진 마늘·물엿 ⅓큰술씩

만드는 법

1 더덕은 껍질을 벗기고 0.5㎝ 두께에 길이로 편 썰어 방망이로 자근자근 두드려 편다.

2 분량의 재료를 섞어 만든 기름장을 더덕에 바른다.

3 분량의 재료를 섞어 고추장 양념을 만들어 ②의 더덕에 바른다.

4 달군 팬에 식용유를 약간 두르고 ③의 더덕을 올려 아삭한 식감이 나도록 살짝 굽는다.

5 구운 더덕을 접시에 담고 잣가루와 송송 썬 쪽파를 뿌린다.

대파를 곁들인 매콤제육볶음

불고깃감으로 아주 얇게 썬 돼지고기에

고추장 양념을 더해 식감이 부드럽고

매콤한 양념이 고루 배어 있어 더욱 맛있는 제육볶음입니다.

제육볶음을 한 김 식힌 다음 얇게 썬 대파와 양파를 넣어야

대파와 양파의 아삭한 식감이 살고 향이 어우러져 더욱 맛있습니다.

기본 재료

돼지고기(불고깃감) 300g

대파 1대, 양파 ¼개

식용유 1큰술

양념 재료

고추장 1½큰술

고춧가루·간장·청주·참기름 1큰술씩

땅콩버터 ½큰술

다진 마늘·다진 생강 1작은술씩

만드는 법

1 돼지고기는 불고깃감으로 준비해 한 장 한 장 떼어놓는다.

2 대파와 양파는 가늘게 어슷썬다.

3 볼에 분량의 양념 재료를 모두 넣고 섞은 뒤 돼지고기를 넣어 버무려 10분 정도 둔다.

4 달군 팬에 식용유를 두르고 ③을 넣어 볶는다.

5 ④를 한 김 식히고 채 썬 대파와 양파를 넣어 버무린다.

봄나물진미채무침

감칠맛이 있는 진미채무침은 누구나 좋아하는 밑반찬입니다.

진미채는 김이 오른 찜통에 쪄서 무치면 살균 효과가 있고

식감도 한결 부드러워져 맛있습니다.

여기에 봄 향기가 물씬 나는 냉이와 달래를 넣으면

평범한 밑반찬이 입맛을 돋우는 특별한 별미가 되지요.

기본 재료

진미채(오징어채) 100g

냉이(또는 계절나물) 50g

달래 10g

무침 양념 재료

간장 · 식초 · 고춧가루 2큰술씩

설탕 1½큰술

참기름 1큰술

매실청 · 다진 마늘 · 통깨 ½큰술씩

만드는 법

1 진미채는 김이 오른 찜기에 올려 1분간 찐다.

2 냉이와 달래는 다듬어 씻는다. 냉이 뿌리는 칼등으로 두들겨 부드럽게 만들고,
　달래는 칼등이나 방망이로 뿌리 쪽을 한 번 두드린다.

3 볼에 분량의 재료를 넣고 섞어 무침 양념을 만든 뒤 오징어채와 냉이, 달래를 넣고 버무린다.

전복장

전복을 살짝 쪄서 만드는 전복장은

비린내가 나지 않고 짜지 않아 더 맛있지요.

전복을 찔 때에는 껍질째 손질하고, 찬물에서 쪄서 김이 오르면 바로 꺼내야

비린내가 나지 않으면서 부드러운 식감을 살릴 수 있습니다.

바로 먹는 것보다는 2~4일 숙성시켜 먹으면 훨씬 맛있습니다.

기본 재료

전복 10개

간장 양념 재료

생수 4컵, 간장 1컵

설탕 · 청주 ½컵씩

물엿 ¼컵

통후추 1큰술

편으로 썬 마늘 3쪽 분량

청양고추 3개

깻잎 10장

대파 ½대

만드는 법

1 전복은 깨끗이 손질해 껍질째 찜기에 넣고 찬물에서 쪄서 김이 오르면 바로 꺼내 식힌다.

2 냄비에 분량의 간장 양념 재료를 넣고 끓이다가 한소끔 끓으면 불을 끄고 식힌 뒤 체에 밭쳐 물만 받는다.

3 밀폐용기에 전복을 담고 간장 양념을 부어 냉장고에서 2일 정도 숙성시킨다.

4 냄비에 ③의 간장 양념을 따라내서 한소끔 끓여 식힌 뒤 다시 밀폐용기에 붓고 냉장고에 넣어 숙성시킨다.
   간장이 전복에 스며들 때까지 기호에 따라 2~4일간 숙성시켜 먹는다.

두부장조림

고기 없이도 충분히 든든한 한 끼가 되는 두부장조림은
담백함과 감칠맛의 균형이 돋보이는 집밥 반찬입니다. 노릇하게 구운 두부에
간장 베이스의 양념을 부어 은근히 배어들게 하면 짜지 않으면서도
깊은 맛을 즐길 수 있습니다. 만들어 두면 시간이 지날수록 맛이 한층 깊어져
밥에 비벼 먹기에도 좋고요. 다진 마늘 대신 마늘가루를 사용해 국물을 맑게 유지하고
액젓과 맛육수로 감칠맛을 보완한 것이 포인트입니다.

기본 재료

두부 1모(350g)

양파 ½개

다진 청고추·홍고추 1큰술씩

통깨·검정깨 ½큰술씩

양념 재료

맛간장 ¾컵, 생수 ½컵, 맛술 2큰술

꽃게액젓(또는 맑은 액젓)·맛육수(또는 참치액)·올리고당 1큰술씩

청주 ½큰술, 마늘가루 ½작은술

만드는 법

1 두부는 체에 밭쳐 물기를 충분히 뺀 뒤 6등분으로 썬다.

2 양파는 잘게 다진다.

3 프라이팬에 식용유를 두르고 두부를 앞뒤로 노릇하게 굽는다.

4 냄비에 양파와 양념 재료를 넣고 한소끔 끓인 뒤 불을 끈다.

5 밀폐용기에 구운 두부를 담고 ④의 뜨거운 소스를 부은 다음 다진 청고추와 홍고추, 통깨와 검정깨를 올린다.

오이더덕달래 초무침

아삭한 오이와 은은한 향의 더덕과 달래,

매콤하면서도 새콤한 양념의 조합은 한국인이라면 누구나 좋아할 만하지요.

오이는 아삭한 식감을 위해 따로 밑간을 하지 않고 도톰하게 썰어주세요.

상에 내기 전에 초양념장을 넣어 버무려야 채소의 숨이 죽지 않고 향도 그대로 유지됩니다.

기본 재료

오이 1개

더덕 60g

달래 30g

참기름 1큰술

통깨 ½큰술

굵은소금 약간

초양념장 재료

고추장 3큰술

고춧가루 1⅓큰술

설탕 · 올리고당 · 식초 · 매실청 1큰술씩

다진 마늘 2작은술

만드는 법

1 오이는 굵은소금으로 껍질을 문질러 씻은 뒤 반으로 길게 갈라 어슷하게 썬다.

2 더덕은 껍질을 벗기고 0.5㎝ 두께로 어슷하게 썬다.

3 달래는 다듬고 씻어 3㎝ 길이로 썬다.

4 볼에 오이와 더덕, 달래를 담고 분량의 재료를 섞어 만든 초양념장을 넣어 버무린 뒤
   먹기 직전에 참기름, 통깨를 넣고 섞는다.

꽃
게
무
침

꽃게 요리를 할 때에는 생강을 넣으면 좋아요.

비린내를 잡아주고 일부 세균의 살균 작용도 도와줍니다.

꽃게무침처럼 꽃게를 생으로 요리할 때에는 반드시 급냉한 것을 선택해야 해요.

꽃게를 소주에 버무려 2시간 정도 두었다가 사용하면 살균에 도움이 됩니다.

기본 재료

냉동 꽃게 1kg(4마리), 소주 ½컵

취청오이 1개, 미나리 50g

청양고추·홍고추·청고추 1개씩, 양파 ½개

굵은 소금 약간

양념 재료

찹쌀풀 ½컵, 고춧가루 5큰술

간장 4큰술, 물엿·다진 파·다진 마늘 3큰술씩

고운고춧가루·설탕 2큰술씩, 꽃게액젓(또는 맑은 액젓)·참기름 1½큰술씩

매실액 1큰술, 다진 생강 1작은술

만드는 법

1 꽃게는 솔로 몸통 껍데기와 다리 사이사이를 깨끗이 문질러 닦는다. 껍데기를 떼고 모래주머니를 제거한 후
   흐르는 물에 씻어 먹기 좋게 잘라 볼에 담고 소주를 부어 냉장실에 2시간 정도 두었다가 꺼내 체에 밭친다.

2 취청오이는 굵은소금으로 껍질을 문질러 씻은 뒤 반으로 길게 갈라 0.5cm 두께로 어슷하게 썬다.
   미나리는 손질해 4cm 길이로 썰고, 청양고추와 청고추, 홍고추는 얇게 어슷썬다. 양파는 0.5cm 두께로 채 썬다.

3 ①의 꽃게를 볼에 담고 분량의 재료를 섞어 만든 양념을 넣어 고루 뒤적인다.

4 ③에 손질한 채소를 넣고 다시 한 번 버무려 냉장고에 1~2시간 두거나 하루 정도 숙성시킨 뒤 먹는다.

국물주꾸미불고기

칼칼하면서도 감칠맛이 도는 국물주꾸미불고기는

남녀노소 누구나 좋아하는 메뉴입니다.

자박하게 끓인 국물을 밥에 넣고 비벼 먹어도 별미지요.

주꾸미는 먹물을 제거하고 밀가루를 뿌려 문질러 씻은 뒤 끓는 물에 살짝 데쳐서

양념을 넣어 볶으면 냄새가 나지 않고 식감도 부드럽습니다.

기본 재료

주꾸미 300g, 대파 1대, 청고추 1개

홍고추 · 양파 ½개씩

팽이버섯 1줌, 참기름 1자은술

밀가루 약간

양념 재료

고춧가루 3큰술, 설탕 · 다진 파 · 다진 마늘 · 참기름 1큰술씩

청주 ½큰술, 꽃게액젓(또는 맑은 액젓) · 굴소스 · 다진 생강 1작은술씩

다시마물 ½컵

※ 다시마물 만드는 법은 22p를 참고하세요.

만드는 법

1 주꾸미는 먹물을 제거하고 밀가루를 뿌려 바락바락 문질러 씻은 뒤 끓는 물에 살짝 데친다.

2 대파와 청고추, 홍고추는 어슷하게 썰고, 양파는 0.5㎝ 두께로 채 썬다.

　 팽이버섯은 밑동을 잘라내고 먹기 좋게 가닥가닥 찢는다.

3 냄비에 분량의 양념 재료를 넣고 불에 올려 끓기 시작하면 준비한 주꾸미와 채소를 모두 넣고 볶은 후

　 마지막에 참기름을 넣는다.

노각생채

밥반찬으로도 좋고 비빔밥에 넣어 먹어도 맛있는 노각생채입니다.
생채를 무칠 때에는 대부분 소금만 넣고 절이는데,
소금과 함께 설탕과 식초를 넣고 절이면 나중에 무쳤을 때
새콤달콤하면서도 아삭한 식감을 살릴 수 있습니다.

기본 재료

노각 300g
설탕 · 식초 2큰술씩
소금 ½큰술

무침 양념 재료

고춧가루 1큰술
고추장 · 꽃게액젓(또는 맑은 액젓) ½큰술씩
설탕 · 다진 마늘 · 다진 파 · 깨소금 · 참기름 ½큰술씩

만드는 법

1 노각은 껍질을 벗기고 길게 반으로 갈라 씨를 긁어낸 뒤 얇게 어슷썰어 볼에 담고
   설탕과 식초, 소금을 넣어 10~15분간 절인 다음 물기를 꼭 짠다.
2 볼에 분량의 재료를 넣고 섞어 무침 양념을 만든다.
3 노각에 양념을 넣고 고루 버무린다.

심플 마늘장조림

보통 장조림은 간장을 넣은 양념물에 소고기를 삶지만, 심플 마늘장조림은
소고기를 삶은 후 찢어 마지막에 양념장으로 버무린 후 고기 육수를 넣고
3일 정도 숙성시켜 먹어요. 이렇게 만든 장조림은 만들기도 훨씬 간편하고
짜지 않은 데다 고기도 부드럽습니다.

기본 재료

소고기 우둔(또는 홍두깨살) 400g

대파 ¼대, 알마늘 10쪽

청주 ½큰술

물 6컵

양념장 재료

맛간장 5큰술, 설탕 2큰술, 꽃게액젓(또는 맑은 액젓) 1큰술

청주 1큰술, 맛술 ½큰술

통후추 약간

소고기 육수 270㎖

만드는 법

1 소고기는 큼직하게 썰어 팔팔 끓는 물에 한 번 데친다.

2 냄비에 삶은 고기와 알마늘을 넣고 고기가 잠길 만큼 분량의 물을 부은 뒤 대파와 청주를 넣고 끓이다가
   끓기 시작하면 중약불로 줄여 끓인다. 알마늘이 어느 정도 익으면 먼저 건져낸 뒤 고기가 부드러워지도록 삶는다.

3 삶은 소고기는 건져 먹기 좋게 결대로 찢어 볼에 담고, 육수는 걸러 따로 담아 식힌 후 기름을 걷어낸다.

4 ③의 소고기 육수(270㎖)와 분량의 재료를 섞어 만든 양념장을 냄비에 넣고 끓기 시작하면
   ③의 소고기를 넣고 한소끔 끓인 후 불을 끈다.

시골풍 열무나물

열무로 열무김치가 아닌 나물을 무쳐 먹어도 별미입니다.
양념은 된장을 베이스로 하되, 미소된장을 약간 넣어주면 짠맛은 줄이고
부드러운 감칠맛을 더할 수 있어요. 열무는 여린 것을 준비했다면
살짝만 삶고, 억센 것으로 준비했다면 조금 더 삶아주세요.

기본 재료

열무 200g

소금 약간

물 7컵

양념장 재료

된장 · 참기름 1큰술씩

물엿 · 다진 마늘 · 깨소금 ½큰술씩

미소된장 · 다진 파 1작은술씩

고춧가루 ½작은술

후춧가루 · 홍고추채 약간씩

만드는 법

1 열무는 깨끗이 손질해 냄비에 물 7컵을 부어 끓으면 소금을 약간 넣고 무르도록 삶은 뒤
   찬물에 헹구고 꼭 짜서 먹기 좋은 크기로 썬다.

2 분량의 재료를 섞어 양념장을 만든다.

3 볼에 열무를 담고 ②의 양념장을 넣어 고루 버무린다.

장
떡

채소와 해물을 함께 지져 만드는 장떡이에요.

깻잎을 넣어 은은한 향이 좋고, 밀가루와 함께 찹쌀가루를 약간 넣으면

더욱 쫄깃하고 고소한 맛을 즐길 수 있지요. 양념으로는 고추장과 함께

된장을 넣어주면 구수하면서도 감칠맛을 더해줄 수 있어요.

기본 재료

부추 100g

양파 · 알새우 살 · 밀가루 50g씩

깻잎 · 찹쌀가루 20g씩

물 ½컵

참기름 1큰술, 식용유 · 들기름 적당량씩

양념 재료

고추장 1큰술

된장 ½큰술

설탕 ½작은술

물 약간

만드는 법

1 부추는 1.5㎝ 길이로 썰고, 깻잎과 양파는 1㎝ 크기로 채 썬다.

2 알새우 살은 참기름을 넣어 버무린다.

3 볼에 분량의 재료를 넣고 섞어 양념을 만든 뒤 ①과 ②, 밀가루, 찹쌀가루, 물을 넣고 고루 섞어 반죽한다.

4 달군 팬에 식용유와 들기름을 1:1로 넉넉하게 두른 다음 반죽을 한 숟가락씩 떠 넣고

   알새우를 하나씩 올려 앞뒤로 노릇하게 지진다.

5 ④를 깻잎 위에 하나씩 올려 접시에 담는다.

한국식 오이피클

매콤하면서도 새콤해 입맛을 돋우는 한국식 오이피클은
밑반찬으로 먹기에도 그만이에요. 한국식 오이피클에 사용되는 오이는
조직이 단단한 취청오이를 선택하는 것이 좋고,
씨 부분을 도려내야 국물이 적게 생기고 식감도 아삭하지요.

기본 재료

취청오이 5개

천일염 2큰술

소스 재료

식초 · 설탕 150g씩

편 썬 마늘 3개 분량

홍고추즙(중간 크기) 5개 분량

참기름 1큰술

만드는 법

1 취청오이는 4~5등분한 뒤 열십자로 갈라 씨를 도려내고 소금에 30분간 절여 채반에 밭쳐 물기를 뺀다.

2 볼에 분량의 재료를 넣고 섞어 소스를 만든 뒤 ①의 절인 취청오이를 넣어 고루 버무린다.

3 한국식 오이피클은 3시간 정도 지나면 먹을 수 있고, 냉장 보관하면 3~4일간 두고 먹을 수 있다.

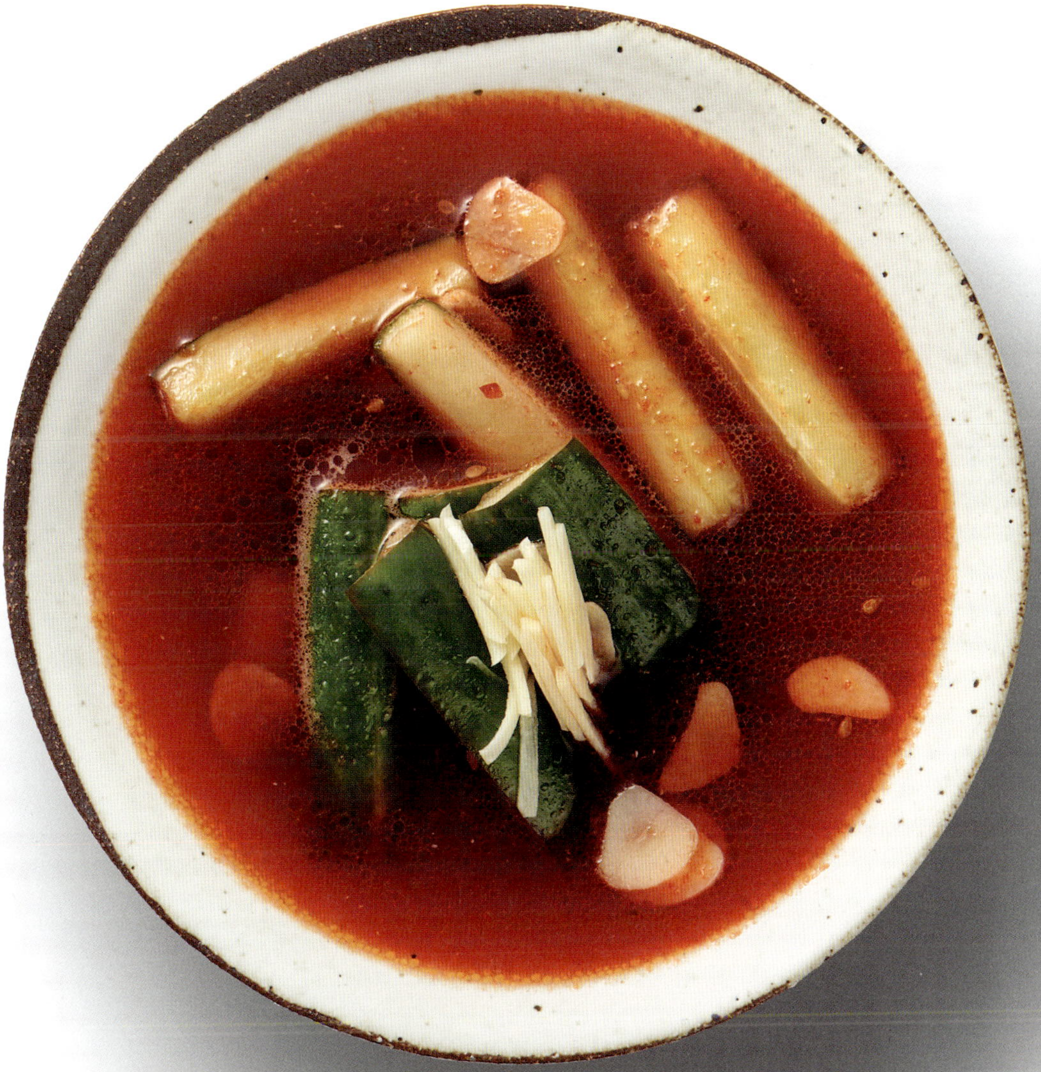

코다리조림

반찬이나 술안주로도 좋은 코다리조림은

양념에 굴소스와 참치액을 넣으면 감칠맛은 물론 풍미도 훨씬 좋아집니다.

코다리조림을 만들 때는 무를 먼저 깔고 코다리를 올려야 무가 잘 익어요.

양념은 반을 먼저 넣고 끓이다가 한소끔 끓으면 나머지 양을

간을 봐가며 넣어야 타지 않고 간도 맞출 수 있습니다.

기본 재료

코다리 2마리

무·양파 ¼개씩

멸치 육수 2컵

양념 재료

간장 6큰술, 고춧가루 5큰술

다진 마늘·맛술·매실청·굴소스 2큰술씩

다진 생강·설탕·꽃게액젓(또는 참치액) 1큰술씩

※ 멸치 육수 만드는 법은 23p를 참고하세요.

만드는 법

1 코다리는 머리와 꼬리, 지느러미를 잘라내고 먹기 좋은 크기로 토막 낸다.

2 무는 1㎝ 두께로 모양대로 동그랗게 썬다.

3 양파는 먹기 좋은 크기로 큼지막하게 썬다.

4 볼에 분량의 재료를 넣고 섞어 양념을 만든다.

5 냄비에 무를 깔고 코다리를 올린 뒤 멸치 육수를 붓고 양념의 반을 고루 얹어 한소끔 끓으면 나머지를 넣어 간을 맞추고 코다리와 무가 익고 국물이 자작해지면 불을 끈다.

낙지채소볶음

개운하면서도 매콤한 맛으로 입맛을 돋우기 좋은 낙지채소볶음입니다.

낙지는 밀가루로 바락바락 주물러 씻어야 특유의 냄새도 제거되고

조리 시 식감도 부드러워집니다. 또 낙지를 볶기 전에 찹쌀가루를 뿌려두면

양념이 잘 배고 국물도 살짝 걸쭉해져 맛이 더 좋습니다.

낙지 양념은 미리 만들어 하루 정도 냉장고에서 숙성시키면 더욱 맛있어집니다.

기본 재료

낙지 3마리

양파 ½개, 애호박 ¼개, 청양고추 · 홍고추 1개씩, 대파 1대

찹쌀가루 1큰술

밀가루 · 식용유 약간씩

양념 재료

고춧가루 4큰술, 고추장 · 다진 마늘 2큰술씩

간장 · 설탕 · 참기름 · 물엿 · 통깨 · 맛술 1큰술씩

땅콩버터 1작은술, 소금 약간

만드는 법

1 낙지는 머리의 먹물을 제거하여 볼에 담은 뒤 밀가루로 바락바락 주물러 씻어
   빨판의 불순물을 제거한 다음 먹기 좋은 크기로 썬다.

2 양파와 애호박, 청양고추, 홍고추, 대파는 먹기 좋은 크기로 썬다.

3 볼에 분량의 양념 재료를 넣고 섞어 하루 정도 냉장실에서 숙성시킨다.

4 ①의 낙지에 찹쌀가루를 뿌려 버무린다.

5 달군 팬에 식용유를 약간 두르고 양파와 애호박, 청양고추, 홍고추, 대파를 넣어 살짝 볶는다.

6 ⑤에 ④의 낙지와 ③의 양념을 넣어 섞은 후 채소가 익으면 불을 끄고 접시에 담는다.

중멸치깻잎조림

중멸치깻잎조림은 깻잎에 멸치와 채 썬 양파, 양념을 켜켜이 얹은 뒤
팬을 달궈 들기름을 두르고 뚜껑을 덮어 약한 불에서 익혀 만듭니다.
양념에 들깻가루가 들어가는데, 거피 안한 것을 사용해
들깨 본연의 향과 식감을 살리는 게 포인트입니다.

기본 재료

깻잎 70장, 중멸치 40g

양파 ½개

들기름 1큰술

양념 재료

간장 · 들기름 2큰술

거피 안한 들깻가루 1½큰술

설탕 · 맛술 ⅔큰술씩

얇게 송송 썬 청고추 · 홍고추 1개 분량씩

멸치 육수 ½컵

※ 멸치 육수 만드는 법은 23p를 참고하세요.

만드는 법

1 접시에 키친타월을 깔고 중멸치를 올린 뒤 전자레인지에 1분 정도 돌린다.

2 양파는 동그란 모양대로 얇게 썬다.

3 분량의 재료를 섞어 양념장을 만든다.

4 냄비에 들기름을 두르고 깻잎을 7~10장 겹쳐 올린 후 멸치, 양파채, 양념을 번갈아가며 올린다.

5 ④의 냄비 뚜껑을 덮고 끓기 시작하면 약불로 줄여 8~10분간 더 찐다.

초간단 굴비찜

찜기에 쪄 살이 부드럽기 때문에 어른뿐만 아니라
아이들 밥반찬으로도 더없이 좋은 메뉴입니다.
찜기에 찌는 것이 번거롭다면 굴비를 내열용기에 담아 랩을 씌우거나
뚜껑을 닫고 전자레인지에 넣어 7분 정도 익혀도 됩니다.

기본 재료

굴비 2마리
생강술 ½큰술
청고추 · 홍고추 ½개씩
마늘 2쪽
통깨 · 참기름 약간씩

기름장 재료

간장 · 참기름 · 꿀 1큰술씩

※ 생강술 만드는 법은 18p를 참고하세요.

만드는 법

1 굴비는 비늘을 긁어내고 지느러미를 제거한 뒤 손질해 어슷하게 칼집을 넣는다.

2 ①의 굴비에 생강술을 뿌려 10분 정도 잰다.

3 청고추와 홍고추는 채 치고 마늘은 편으로 썬다.

4 분량의 재료를 섞어 만든 기름장을 ②의 굴비에 바르고 채 썬 청고추와 홍고추, 편 썬 마늘을 올린 뒤
   통깨와 참기름을 살짝 뿌린다.

5 김이 오른 찜기에 ④를 넣어 10분 정도 찌고 난 후 다시 한 번 기름장을 바른다.

총각무 고추씨 피클

주로 김치를 담가 먹는 총각무를 이용해 피클을 담아도 별미입니다.

무뿐만 아니라 잎까지 넣으면 더 맛있는데,

총각무는 김치를 담그듯 소금물에 절여 사용하면 단단한 속까지 간을 맞출 수 있지요.

보관하기 전에 배즙을 넣으면 향긋한 단맛이 더해져 더욱 맛있습니다.

기본 재료

총각무 1단(2kg)

물 5컵

소금 80g, 고추씨 50g

소스 재료

물 5컵

식초 · 설탕 2컵씩, 소금 3큰술

꽃게액젓(또는 맑은 액젓) 2큰술, 통후추 1큰술

생강 2톨, 마른 베트남고추 10개

만드는 법

1 총각무는 손질하여 0.5㎝ 두께로 썰고 잎은 3~5㎝ 길이로 썬다.

2 볼에 물 5컵을 붓고 소금 80g을 넣어 녹인 뒤 손질한 총각무와 잎을 넣어 1시간에서 1시간 30분 정도 절인 다음
　체에 밭쳐 물기를 뺀다.

3 냄비에 분량의 소스 재료를 넣고 소금이 녹을 정도로만 끓인다.

4 끓는 물로 소독한 용기에 총각무와 고추씨를 담고 ③의 뜨거운 소스를 붓고 바로 뚜껑을 닫는다.

5 ④가 완전히 식으면 냉장 보관해 두고 다음 날부터 먹는다.

멸치양념무침

고소하고 담백한 멸치와 칼칼한 양념장이 어우러져
냉장고에 두고 먹기 좋은 밑반찬입니다.
보통 식용유를 두른 팬에 멸치와 양념장을 넣고 볶아
밑반찬으로 만드는 경우가 많습니다.
이 멸치양념무침은 기름 없이 볶은 멸치에 양념장을 넣고 무쳐
타지 않고 맛은 한층 깔끔합니다. 또 식초를 조금 넣으면
짠맛은 덜 느껴지고 비린 내는 제거해줍니다.

기본 재료

대멸치 70g

양념장 재료

맛간장 · 올리고당 · 고운 고춧가루 3큰술씩

설탕 · 다진 파 1큰술씩

식용유 · 다진 마늘 · 참기름 · 통깨 1큰술씩

식초 1~2방울

※ 맛간장 만드는 법은 24p를 참고하세요.

만드는 법

1 멸치는 머리와 내장을 제거한다.

2 식용유를 1큰술 두른 팬에 손질한 멸치를 넣고 중불로 약 3분 정도 볶아 수분을 날린다.

3 분량의 재료를 섞어 양념장을 만든다.

4 ②의 멸치에 ③의 양념장을 넣고 무친다.

아삭이고추된장무침

맵지 않고 아삭한 고추와 싱그러운 오이의 조합이
입맛을 돋우는 반찬입니다. 양념 재료를 섞어
고추와 오이에 섞기만 하면 되니 만들기도 간편하지요.
된장은 콩 질감이 어느 정도 살아 있는 것을 사용하면
훨씬 맛이 좋습니다.

기본 재료

아삭이고추 6개

오이 1개, 굵은소금 약간

양념장 재료

된장 2큰술, 다진 파 · 물엿 1큰술씩

매실청 · 다진 마늘 · 참기름 ½큰술씩

고춧가루 · 고추장 1작은술씩

만드는 법

1 아삭이고추는 씻어 꼭지를 따 놓는다.

2 오이는 껍질째 굵은소금으로 문질러 씻고 길이로 4등분해 고추 길이로 썬다.

3 분량의 양념장 재료 중 참기름을 제외한 모든 재료를 섞어 양념장을 만든다.

4 손질해 놓은 고추와 오이에 양념장을 넣어 무친 후 마지막으로 참기름을 넣어 다시 한 번 무친다.

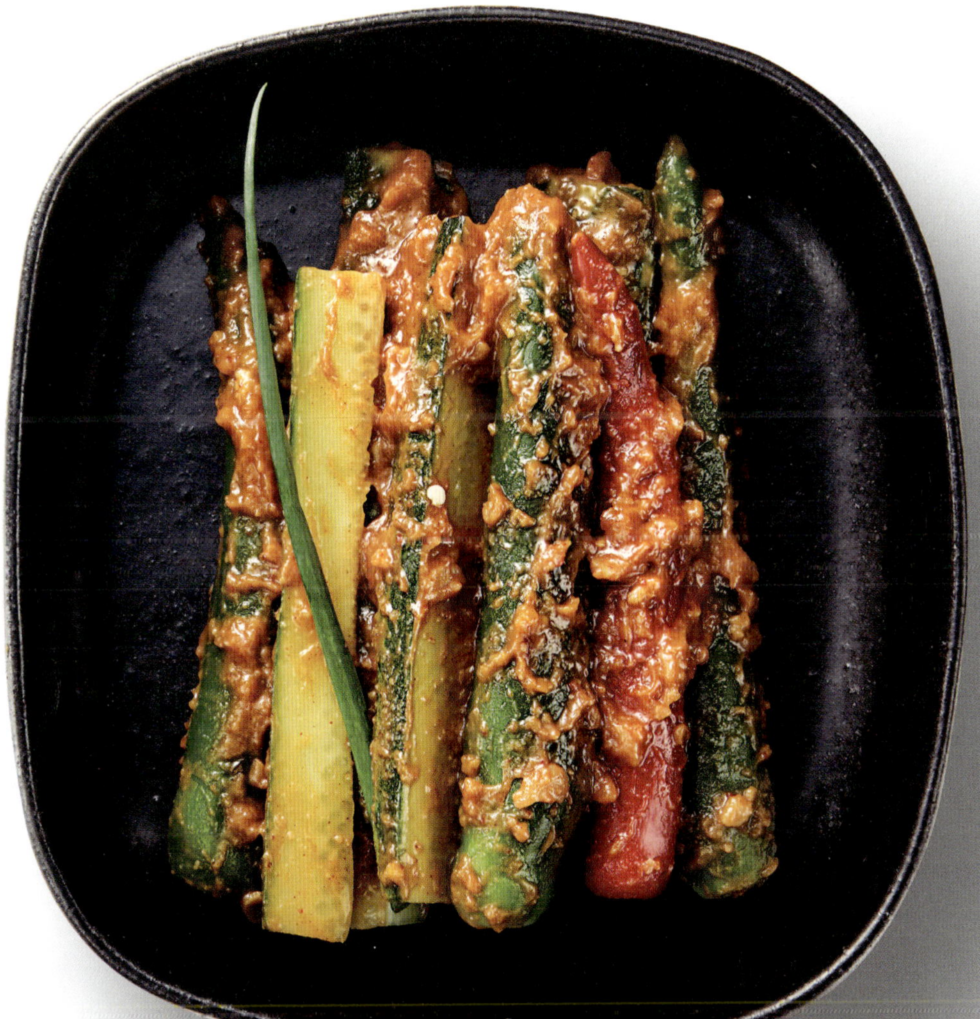

시골두부조림

흔하지만 맛깔난 두부조림 한 접시면 밥 한 공기 비우는 것이
그리 어렵지 않지요. 멸치의 내장을 제거하고 마른 팬에
노릇하게 구워 두부조림에 넣으면 감칠맛과 구수한 풍미가 더해져
훨씬 맛있는 두부조림을 만들 수 있습니다.

기본 재료

두부(부침용) 1모, 양파 ¼개, 대파 ½대, 깻잎 2~3장

표고버섯 1개, 청양고추·홍고추 ½개씩, 국물용 멸치 3마리

소금·후춧가루·식용유 약간씩, 멸치 육수 1컵, 통깨 1큰술

양념장 재료

간장 2큰술, 맛술·물엿 1½큰술씩, 참기름 1큰술, 맛육수(또는 참치액) ¾큰술

고춧가루 ½큰술, 다진 마늘·설탕 1½작은술씩, 고추장 1작은술

※ 멸치 육수 만드는 법은 23p를 참고하세요.

만드는 법

1 두부는 모양대로 1.5㎝ 두께로 두툼하게 자르고 양파와 깻잎, 표고버섯은 채 썬다. 고추와 대파는 어슷하게 썬다.

2 갈라 내장을 제거한 멸치는 식용유를 두르지 않은 팬에 넣고 5분 정도 강불에서 볶는다.

3 두부는 소금과 후춧가루로 밑간한 후 식용유를 두른 팬에 앞뒤로 노릇하게 지진다.

4 지진 두부의 절반을 바닥이 두꺼운 냄비에 올리고 양파와 볶은 멸치, 표고버섯, 청양고추, 홍고추, 대파를
   분량의 절반만 차례대로 얹는다.

5 분량의 재료를 섞어 만든 양념장을 ④에 절반 정도 뿌린다. 그 위에 남은 두부와 양파, 볶은 멸치, 표고버섯,
   청양고추, 홍고추, 대파, 깻잎을 올린 뒤 남은 양념을 모두 올린다.

6 냄비 가장자리로 멸치 육수를 붓고 국물이 자작해질 때까지 중불에서 자글자글 끓인 후 통깨를 뿌린다.

오징어불고기

오징어불고기 양념은 적어도 요리 30분 전에 만들어 두어야

고춧가루가 불어나 넣은 재료들이 서로 어우러집니다. 또 재료와 양념을

미리 잘 버무린 후 식용유를 두른 팬에 강한 불로 단시간에 볶아야

오징어가 질겨지지 않고 탱글탱글한 식감이 살며 국물도 많이 생기지 않습니다.

기본 재료

오징어 1마리, 양파 ½개, 청고추 2개

대파 ¼대, 알마늘 2쪽, 미나리 50g

식용유 2큰술

떡볶이 떡 70g

양념장 재료

고추장 4큰술, 설탕 2큰술

간장 · 맛술 · 고춧가루 · 참기름 · 물엿 1큰술씩

통깨 1작은술, 맛육수(또는 참치액) ½작은술

후춧가루 약간

만드는 법

1 분량의 재료를 섞어 양념장을 만들고 30분 정도 숙성시킨다.

2 오징어는 내장과 입을 제거한 후 껍질을 제거하고 먹기 좋은 크기로 썬다.

3 양파는 채 썰고, 고추와 대파는 어슷하게 썬다. 마늘은 편으로 썰고 미나리는 4㎝ 길이로 썬다.

4 떡은 한입 크기로 잘라 딱딱할 경우 물에 불리거나 데쳐서 말랑말랑하게 만들어 놓는다.

5 볼에 손질한 모든 재료를 넣고 양념장을 넣어 고루 버무린다.

6 팬에 식용유 2큰술을 두르고 ⑤를 넣은 다음 강불에서 오징어가 익을 정도로만 살짝 볶는다.

든든한 국과 찌개

한식 밥상에서 국과 찌개는 단순한 한 가지 음식이 아니라 밥상 전체의 균형과 분위기를 결정하는 중심 요소입니다. 따끈한 국물이 오르는 순간 밥상은 풍성해지고, 밥·국·반찬이 어우러지는 한식 특유의 조화가 완성되지요. 미역냉국, 가지냉국, 단호박꽃게탕처럼 시원하고 개운한 국물부터 차돌박이소고기순두부찌개, 애호박차돌고추장바특찌개, 대파된장육개장, 우리집 김치찌개처럼 든든한 찌개까지, 국물 요리는 한 끼 속에 다양한 영양을 담아내며 식탁을 더욱 건강하고 풍요롭게 만들어줍니다.

미역냉국

부드러운 미역과 아삭한 오이, 청·홍고추의 산뜻한 매운 향이 어우러진
시원한 미역냉국은 여름 식탁에 제격입니다.
새콤달콤하게 감칠맛을 품은 차가운 국물이 더위에 지친 입맛을 단번에 깨워주지요.
미역은 살짝 데쳐 사용하면 비린 맛이 사라지고 빛깔이 더 또렷해집니다.
완성된 국물은 얼음을 넣기보다 미리 냉장고에 충분히 두었다가 담아내면
풍미가 흐트러지지 않고 더욱 깔끔해요.

기본 재료

마른미역 10g, 오이 1개

청양고추 2개, 홍고추 1개

통깨 · 검정깨 ½큰술씩

미역 양념 재료

꽃게액젓(또는 맑은 액젓) 2큰술

식초 ¼컵, 설탕 1½큰술

다진 마늘 1큰술

국물 재료

생수 4컵, 꽃게액젓(또는 맑은 액젓) 2½큰술

국간장 1큰술, 소금 ⅓작은술

만드는 법

1 마른미역은 찬물에 20분간 불린 뒤 바락바락 주물러 씻어 맑은 물에 2~3번 헹군다.

2 끓는 물에 미역을 10~15초 살짝 데쳐 찬물에 헹궈 빠르게 식힌 뒤 물기를 꼭 짠다.

3 볼에 데친 미역을 담고 양념을 차례대로 넣어 조물조물 무쳐 10분간 재운다.

4 국물 재료를 한데 합쳐 섞은 뒤 냉장고에 넣어 차게 둔다.

5 차갑게 식힌 국물에 양념한 ③의 미역에 곱게 채 썬 오이, 청·홍고추를 넣고 가볍게 섞은 뒤
   통깨와 검정깨를 뿌려 완성한다.

차돌박이
소고기순두부찌개

순두부찌개에 차돌박이를 넣으면

맛이 한층 부드러우면서도 고소해져요. 소고기까지 갈아 넣으면

맛이 더욱 진해져 한 그릇 비우면 하루 종일 속이 든든하답니다.

차돌박이와 간 소고기는 기름을 두른 냄비에 고춧가루, 다진 마늘과 함께 넣어 볶으면

육류 특유의 냄새를 잡을 수 있습니다.

기본 재료

차돌박이 · 간 소고기 · 애호박 50g씩

순두부 300~400g

양파 ½개, 버섯 30g, 대파 ¼대

청고추 · 홍고추 ½개씩

물 2컵

고춧가루 · 식용유 · 맛육수(또는 참치액) 1큰술씩

참기름 ½큰술, 다진 마늘 2작은술

소금 ⅓작은술, 후춧가루 약간

만드는 법

1 달군 냄비에 식용유를 두르고 고춧가루와 다진 마늘을 넣어 약불에서 타지 않게 볶다가
   차돌박이와 간 소고기를 넣고 볶는다.

2 ①에 물을 붓고 먹기 좋게 편으로 썬 애호박, 양파, 버섯을 넣고 한소끔 끓인다.

3 ②에 순두부, 어슷하게 썬 대파, 청고추, 홍고추를 넣고 끓이다가 끓어오르면 맛육수와 소금으로 간한다.

4 불을 끄고 후춧가루와 참기름을 넣어 마무리한다.

애
호
박
젓
국

만들기 쉽지만 달큰하면서도 시원해 누구나 좋아하는 애호박젓국입니다.
소금이나 간장 대신 새우젓과 참치액으로 간을 맞춰 감칠맛이 좋지요.
취향에 따라 쑥갓과 홍고추, 참기름을 더하면 더욱 맛있게 먹을 수 있어요.

기본 재료

애호박 ½개

연두부 ½모

느타리버섯 50g

마늘 1쪽

다시마물 6컵

새우젓 · 맛육수(또는 참치액) ½큰술씩

쑥갓 · 홍고추 · 참기름 약간씩

※ 다시마물 만드는 법은 22p를 참고하세요.

만드는 법

1 애호박은 반으로 갈라 반달 모양으로 편 썬다.

2 연두부는 사방 1.5㎝ 크기로 깍둑 썬다.

3 느타리버섯은 한 가닥씩 찢어놓는다.

4 마늘은 채 썰고, 홍고추는 어슷하게 썬다.

5 냄비에 다시마물을 붓고 애호박, 연두부, 느타리버섯을 넣어 애호박이 익을 때까지 끓이다가
   새우젓과 맛육수로 간한 뒤 편 썬 마늘을 넣고 한소끔 끓이면 불을 끈다.

6 ⑤에 쑥갓과 홍고추, 참기름을 넣는다.

단호박꽃게탕

꽃게탕을 끓일 때 단호박을 껍질째 넣으면 영양이 풍부해지는 것은 물론,

부드러운 단맛이 더해져 매운 것을 잘 먹지 못하는 아이들도 맛있게 먹을 수 있습니다.

또한 껍데기와 부러진 다리 등으로 먼저 육수를 내어 요리하면

깊은 맛이 납니다.

기본 재료

꽃게 500g(2마리), 단호박 ¼개, 애호박 ½개, 느타리버섯 50g

청양고추 · 홍고추 1개씩, 대파 ½대, 양파 ½개, 물 8컵

날콩가루 1큰술, 소금 약간

양념 재료

고춧가루 2큰술, 꽃게액젓(또는 맑은 액젓) · 된장 1큰술씩

고추장 · 맛육수(또는 참치액) 1큰술씩, 다진 마늘 · 맛술 ½큰술씩, 생강즙 ¼작은술

만드는 법

1 꽃게는 솔로 몸통 껍데기와 다리 사이사이를 깨끗이 문질러 닦는다.

　등딱지를 떼고 모래주머니를 제거한 후 먹기 좋은 크기로 자른다.

2 단호박은 씨를 긁어내고 먹기 좋은 크기로 썬다. 애호박은 반으로 갈라 반달썰기하고,

　느타리버섯은 가닥가닥 나눈다. 고추와 대파는 어슷하게 썰고, 양파는 채 썬다.

3 냄비에 분량의 물을 붓고 손질해 둔 꽃게 등딱지와 부러진 다리 등을 먼저 넣고

　강불에서 끓이다가 끓어오르면 중불로 낮춰 10분 정도 더 끓여 육수를 낸다.

4 볼에 분량의 재료를 섞어 양념을 만들어 둔다.

5 냄비에 손질한 꽃게, 단호박, 애호박, 느타리버섯, 청양고추, 홍고추, 대파, 양파를 돌려 담고

　③의 육수를 부은 뒤 양념을 풀어 넣는다.

6 ⑤가 끓어오르면 날콩가루를 넣어 잘 풀고 재료가 익을 때까지 끓이다 부족한 간은 소금으로 맞춘다.

애호박
차돌고추장바특찌개

차돌박이와 얇게 썬 소고기, 애호박을 넉넉하게 썰어 넣고 고추장을 풀어 조린
칼칼한 애호박차돌고추장바특찌개는 밥에 올려 슥슥 비벼 먹으면 맛있어요.
혹은 쌈채소 위에 올려 쌈장처럼 활용해도 좋지요.

기본 재료

애호박 1개, 감자 · 양파 ½개씩, 대파 ½대

홍고추 · 청양고추 1개씩, 차돌박이 100g, 얇게 썬 소고기 50g

마른 표고버섯 1개, 마른 새우 12마리, 물 1컵, 식용유 약간

고기 양념 재료

참기름 1큰술, 간장 ½큰술, 다진 마늘 ½작은술, 소금 · 후춧가루 약간씩

찌개 양념 재료

물 1컵, 고추장 6큰술, 된장 · 고춧가루 · 다진 마늘 1큰술씩

설탕 · 꽃게액젓(또는 맑은 액젓) ½큰술씩

맛육수(또는 참치액) 1⅓작은술

만드는 법

1 마른 표고버섯과 새우는 각각 미지근한 물에 불려 잘게 썬다.

2 애호박과 감자, 양파는 깍둑썰기하고 대파와 홍고추, 청양고추는 얇게 어슷썬다.

3 차돌박이와 얇게 썬 소고기는 먹기 좋은 크기로 네모지게 썬다.

4 분량의 재료를 섞어 만든 고기 양념에 ③의 차돌박이와 소고기를 넣고 고루 버무린다.
  달군 팬에 식용유를 두르고 양념한 고기를 넣어 볶다가 고기가 얼추 익으면 물을 붓고 끓인다.

5 ④가 팔팔 끓으면 분량의 찌개 양념을 넣고 애호박, 감자, 양파를 넣어 한소끔 끓인다.

6 ⑤에 대파, 고추, 표고버섯, 새우를 넣고 감자가 익을 때까지 끓인다.

가
지
냉
국

가지는 포크를 이용해 군데군데 구멍을 낸 뒤 찜기에 찌면 10분 정도만 쪄도
속까지 골고루 잘 익어요. 가지냉국을 시원하게 먹으려면, 국물은 미리 만들어
냉장고에 차게 두고 찐 가지를 식혀 양념한 다음 국물을 부어 바로 상에 내면 됩니다.

기본 재료

가지 300g

쪽파 20g

홍고추 · 청양고추 ½개씩

구운 소금 · 참기름 약간씩

국물 재료

식초 4큰술

설탕 3큰술

간장 1큰술

꽃게액젓(또는 맑은 액젓) · 구운 소금 ⅓작은술씩

다시마 5×5㎝ 1장

물 2컵

만드는 법

1 가지는 반으로 길게 잘라 포크로 군데군데 구멍을 낸 뒤 김이 오른 찜기에 넣고 10분 정도 강불에서 찐다.

2 분량의 재료를 섞어 국물을 만든 뒤 냉장고에 넣어 차게 둔다.

3 찐 가지는 먹기 좋은 크기로 찢어 볼에 담고 구운 소금과 참기름을 약간 넣어 조물조물 버무린 뒤
  냉장고에 넣어 차게 둔다.

4 쪽파는 파란 부분만 0.5㎝ 길이로 송송 썰고, 홍고추와 청양고추도 송송 썬다.

5 그릇에 가지를 올리고 ②의 찬 국물을 부은 다음 송송 썬 쪽파와 고추를 올려 낸다.

매생이 황태된장국

매생이는 검푸른 빛이 돌면서 이물질이 없고
만졌을 때 끈기가 있는 것을 선택하고,
체에 밭쳐 흔들어가며 씻어야 식감이 부드럽고 쓴맛을 없앨 수 있습니다.
또한 맨 마지막에 넣어 한소끔 끓으면 바로 불을 끄고 그릇에 담아야
매생이의 향과 맛을 그대로 즐길 수 있습니다.

기본 재료

매생이 200g

황태채 50g

참기름 1큰술

된장 2큰술

미소된장 · 맛육수(또는 참치액) 1큰술씩

물 6컵

만드는 법

1 매생이는 체에 밭쳐 물에 살살 흔들어 씻어 건지고, 황태채는 흐르는 물에 한 번만 씻는다.

2 달군 냄비에 참기름을 두르고 황태채를 넣어 볶다가 물을 붓고 푹 끓인다.

3 ②에 분량의 된장, 미소된장을 체에 밭쳐 풀고 맛육수로 간한다.

4 ③이 끓으면 매생이를 넣고 한소끔 끓인다.

대파된장육개장

대파된장육개장을 만들 때에는 고기와 고사리를 각각 삶아 따로 양념을 해서 끓이면
각 재료 고유의 맛을 그대로 살릴 수 있어요. 또 참기름에 고운 고춧가루를 개어
마지막에 넣어 먹으면 칼칼하면서도 개운한 육개장을 즐길 수 있습니다.

기본 재료

소고기(양지머리) 700g, 통마늘 5쪽, 통후추 1큰술, 매운 말린고추 4~5개, 물 2.5ℓ, 대파 1kg
삶은 고사리 150g, 된장 80g, 참기름 2큰술, 고운 고춧가루 1큰술, 소금 약간

고기 양념 재료 고추기름 2큰술, 꽃게액젓(또는 맑은 액젓) · 고춧가루 1큰술씩

대파 양념 재료 꽃게액젓(또는 맑은 액젓) 2큰술, 고추기름 · 고춧가루 1큰술씩

고사리 양념 재료 꽃게액젓(또는 맑은 액젓) · 고추기름 1큰술씩

국물 간 재료 맛육수(또는 참치액) 3큰술, 소금 약간

만드는 법

1 소고기는 찬물에 30분 정도 담가 핏물을 뺀 후 솥에 담고 마늘, 통후추, 매운 고추, 분량의 물(2.5ℓ)을 넣고
　부드러워질 때까지 1시간 30분 정도 푹 끓인다. 끓인 물은 식힌 뒤 면보에 걸러 육수로 사용한다.

2 푹 익은 소고기는 건져서 결대로 먹기 좋게 찢어 볼에 담고 고기 양념을 넣어 무친다.

3 대파는 다듬고 반으로 썰어 끓는 물에 소금을 약간 넣고 데친다. 건져서 물기를 뺀 뒤 대파 양념을 넣어 무친다.

4 삶은 고사리는 깨끗이 씻고 반으로 잘라 분량의 재료를 섞어 만든 고사리 양념을 넣고 무친다.

5 참기름에 고운 고춧가루를 넣어 개어 둔다.

6 냄비에 면보에 거른 육수를 2~2.5ℓ 정도 붓고 된장을 푼 뒤 준비한 재료를 모두 넣고
　파가 푹 익을 때까지 끓여 맛육수를 넣고 부족한 간은 소금으로 맞춘다.

7 불을 끄고 ⑤를 넣어 섞는다.

참맛된장찌개

시판 된장으로도 깊은 맛을 내는 된장찌개를 끓이고 싶다면
몇 가지 비법이 있답니다. 첫 번째는 육수에 넣은 멸치를 건지지 않고
그대로 넣어 끓이는 것입니다. 그러면 좀 더 진한 감칠맛과 구수한 맛을
내준답니다. 또 액젓을 넣으면 감칠맛과 함께 깊은 맛을 내줘
시판 된장의 가벼운 맛을 잡아줍니다.

기본 재료

감자 50g, 양파 30g, 청양고추·홍고추 1개씩

달래 20g, 건표고버섯·건새우 10g씩

두부(찌개용) ½모, 된장 50g, 바지락(또는 모시조개) 100g

멸치 육수 3컵

꽃게액젓(또는 맑은 액젓)·고춧가루 1작은술씩

다진 마늘 1작은술

※ 멸치 육수 만드는 법은 23p를 참고하세요.

만드는 법

1 감자와 양파는 도톰하게 편 썰고 청양고추와 홍고추는 어슷하게 썬다. 달래는 다듬어 씻어 5㎝ 길이로 썬다.
   건표고버섯과 건새우는 물에 담가 불린다.

2 두부는 도톰하게 한입 크기로 썬다. 불린 건표고버섯은 건져 기둥을 떼고 편으로 썬다.

3 냄비에 멸치 육수를 붓고 불린 표고버섯과 새우, 감자, 양파, 해감한 바지락을 넣고 된장을 푼다.

4 찌개가 한소끔 끓으면 두부, 청양고추, 홍고추, 달래, 다진 마늘, 고춧가루, 꽃게액젓을 넣고
   감자가 익을 때까지 끓인다.

우리집김치찌개

김치찌개 끓이기가 가장 쉽다고 하지만 막상 깊은 맛을 내는

김치찌개를 끓이기란 그리 쉽지 않아요. 맛있는 김치찌개를 끓이기 위해선

식용유를 두른 냄비에 신 김치와 돼지고기를 먼저 충분히 볶은 후에 끓여야 합니다.

그래야 김치가 푹 익고 돼지고기의 감칠맛이 충분히 우러나오거든요.

기본 재료

신 김치 450g, 생삼겹살 150g

만능즙 2큰술

양파 ¼개, 대파(파란 부분) ⅓대

두부(찌개용) ½모, 식용유 1큰술

양념장 재료

멸치 육수 3컵, 고춧가루 1½큰술

설탕·꽃게액젓(또는 맑은 액젓) 1큰술씩

맛육수(또는 참치액) ⅓큰술

※ 만능즙 만드는 법은 20p, 멸치 육수 만드는 법은 23p를 참고하세요.

만드는 법

1 신 김치는 속을 털어내고 먹기 좋은 크기로 썬다.

2 생삼겹살은 새끼손가락 크기로 자르고 만능즙에 버무려 고기 잡내를 제거한다.

3 양파는 1cm 두께로 채 썰고 대파는 어슷하게 썬다. 두부는 1cm 두께의 먹기 좋은 크기로 네모지게 썬다.

4 냄비에 식용유를 두르고 신 김치를 넣어 5분 정도 김치가 푹 익도록 볶는다.

5 ④의 김치에 ②의 생삼겹살을 넣어 섞어 삼겹살이 익을 때까지 충분히 볶는다.

6 ⑤에 분량의 재료를 섞어 만든 양념장을 더해 한소끔 끓인다.

7 ⑥에 양파와 대파, 두부를 넣고 양파가 익을 때까지 한 번 더 끓인다.

목살뚝배기

돼지고기찌개지만 국물이 깔끔하고 맛이 담백한 찌개로 냉장고에 있는

식재료만 가지고도 뚝딱 끓일 수 있습니다. 돼지 목살은 미리 데쳐서 양념을 해두면

잡냄새가 사라지고 기름기까지 쏙 빠져서 국물이 깔끔하지요.

냉동해놓은 돼지 목살이 있다면 저녁 메뉴로 목살뚝배기를 끓여보세요.

기본 재료

돼지고기(목살) 200g, 만능즙 2큰술, 가래떡(떡국용) 100g

두부(찌개용) 1모, 멸치 육수 3컵, 청양고추 1개

홍고추 ¼개, 대파 ¼대, 양파 ¼개, 깻잎 30g

맛육수(또는 참치액) 1큰술, 소금 약간, 물(목살 데침용) 2컵

양념장 재료

고춧가루 2큰술, 맛술·다진 마늘·만능즙 1큰술씩

고추장·물엿·간장 ½큰술씩

다진 생강 1작은술, 청주 ½작은술

※ 만능즙 만들기는 20p, 멸치 육수 만드는 법은 23p를 참고하세요.

만드는 법

1 냄비에 물을 붓고 끓으면 만능즙과 돼지고기 목살을 넣고 고기를 살짝 데친다.

2 데친 돼지고기는 곧바로 찬물에 헹구고 체에 밭쳐 물기를 뺀다.

3 가래떡은 딱딱한 상태라면 미리 물에 불려 놓는다.

4 두부는 1㎝ 두께에 3×5㎝ 크기로 썰어 놓는다.

5 청양고추와 홍고추, 대파는 어슷하게 썰고 양파와 깻잎은 1㎝ 두께로 채 썬다.

6 ②의 데친 목살에 분량의 재료를 섞어 만든 양념장을 넣고 골고루 버무린다.

7 양념에 버무린 목살과 멸치 육수를 냄비에 넣고 끓인 뒤 양파와 가래떡, 두부를 넣고 한소끔 더 끓인다.

8 ⑦에 대파와 청양고추, 홍고추를 넣고 맛육수와 소금으로 간을 맞추고 깻잎을 넣은 후 불을 끄고 상에 낸다.

칼칼황태해장국

칼칼한 국물이 일품인 황태해장국으로

김치만 있어도 밥 한 그릇을 맛있게 비워낼 수 있습니다.

국물 맛을 시원하게 해주는 무와 칼칼한 맛을 내주는 고추가 어우러져

더욱 별미지요. 콩나물은 마지막에 뚜껑을 닫고 익혀야

비린내가 나지 않고 아삭한 식감도 살릴 수 있어요.

기본 재료

다시마물 7컵, 황태채 60g

무 100g, 콩나물 한 줌

달걀 2개, 홍고추·청양고추 ⅓개씩, 대파 1대

맛육수(또는 참치액) 1큰술

다진 마늘·꽃게액젓(또는 맑은 액젓) ½큰술씩

참기름 약간

※ 다시마물 만드는 법은 22p를 참고하세요.

만드는 법

1 황태채에 물을 부어 조물조물 주무른 다음 깨끗한 물로 헹군다.

2 콩나물은 꼬리만 떼고 무는 칼로 먹기 좋은 크기로 어슷하게 썰고 홍고추와 청양고추, 대파도 어슷하게 썬다.

3 냄비에 참기름을 두르고 무와 황태채를 넣어 달달 볶는다.

4 무가 투명해지면 다시마물을 붓고 뚜껑을 닫은 다음 중불에서 30분 정도 끓이다가 팔팔 끓으면
   콩나물을 넣고 뚜껑을 닫아 한소끔 끓인다.

5 ④에 홍고추, 청양고추, 대파, 맛육수, 꽃게액젓, 다진 마늘을 넣고 달걀을 풀어 넣고 한소끔 끓인다.
   마지막으로 참기름을 약간 넣는다.

건강 담은 모던 김치

매콤새콤한 맛이 입맛을 깨우고 다른 음식의 풍미를 살려주는 것은 물론 발효 과정에서 더해지는 풍부한 영양 덕분에 김치가 있는 식탁은 한층 건강해집니다. 열무김치와 액젓파김치, 대파김치처럼 깔끔하고 담백한 기본 김치부터 통보리물김치와 동치미, 오이알배추물김치, 더덕물김치처럼 시원하고 개운한 물김치까지, 책에 수록된 김치 레시피는 계절과 음식에 맞춰 다양하게 즐길 수 있습니다. 아삭한 오이깍두기와 칼국수집 겉절이는 밥상에 식감과 매콤함을 더해 하루 한 끼를 든든하게 만들어주지요. 특히 미자언니네 김치는 맑은 액젓만을 사용해 깔끔한 맛을 내 남녀노소 누구나 부담 없이 즐길 수 있습니다.

열무김치

여름 밥상에 생기를 더하는 열무김치는 비빔국수, 보리밥과 특히 잘 어울리는

한국의 대표적인 계절 김치입니다. 열무는 숨이 너무 죽지 않게 절이고 물기를 충분히 빼야

양념이 겉돌지 않고 속까지 깊이 스며들어요.

또 쉽게 멍들고 풋내가 나기 쉬우므로 양념에 버무릴 때는

힘을 주지 말고 살살 들어올리듯 섞는 것이 중요한 포인트입니다.

기본 재료

열무 1단(1.4kg), 물(절임용) 1.5ℓ

굵은 소금(절임용) 1컵(100g)

부재료

양파 · 쪽파 80g씩, 청양고추 4개

양념 A 재료

배 100g, 양파 60g, 꽃게액젓(또는 맑은 액젓) ⅛컵, 맛육수(또는 참치액) 1큰술, 홍고추 75g

양념 B 재료

고춧가루 · 찹쌀풀 ¼컵씩, 다진 마늘 1½큰술, 다진 생강 ¼큰술, 새우젓 · 설탕 · 매실청 1큰술씩, 소금 ½큰술

찹쌀풀 재료

생수 ½컵, 찹쌀가루 1큰술

만드는 법

1 열무는 손질해 깨끗이 씻고, 소금을 푼 절임물에 담가 중간에 한 번 뒤집어가며 1시간 절인다.

2 절인 열무는 가볍게 헹궈 체에 밭쳐 30분 이상 충분히 물기를 뺀다.

3 냄비에 물과 찹쌀가루를 넣어 잘 풀고 중불에서 저어가며 되직해질 때까지 끓인 뒤 식힌다.

4 부재료의 양파는 채 썰고, 쪽파는 3~4㎝ 길이로 자르고, 청양고추는 어슷하게 썬다.

5 믹서에 양념 A를 넣어 곱게 간 뒤 양념 B를 넣고 한 번 더 갈아 양념을 완성한다.

6 볼에 ④의 부재료와 양념, 물기 뺀 열무 순으로 넣어 줄기가 꺾이지 않도록 살살 버무린다.

7 김치통에 담아 실온에서 하루 정도 익힌 후 냉장 보관한다.

족파의 향과 액젓의 깊은 감칠맛이 어우러져 군더더기 없이

깔끔한 매력이 돋보이는 파김치 레시피입니다.

갓 지은 흰쌀밥은 물론 삼겹살이나 수육과 같은 육류 요리와도 훌륭한 궁합을 자랑하죠.

족파는 줄기보다 흰 뿌리 부분이 단단해 간이 쉽게 스며들지 않으므로

절임 단계에서 뿌리 쪽부터 액젓을 뿌려 간이 배어들게 하는 것이 핵심입니다.

또한 양념을 바를 때는 족파 결을 따라 쓸어내리듯 가볍게 발라야

풋내 없이 산뜻한 맛과 고운 색을 유지할 수 있습니다.

기본 재료

족파 300g

꽃게액젓(또는 맑은 액젓) 1½큰술

통깨 · 검정깨 1큰술씩

양념 재료

배 ¼개, 양파 ⅓개, 고춧가루 4큰술, 찹쌀풀 3큰술

꽃게액젓(또는 맑은 액젓) 2큰술

새우젓 · 매실청 · 물엿 · 설탕 · 다진 생강 1큰술씩, 설탕 1작은술

찹쌀풀 재료

생수 ½컵, 찹쌀 1큰술

만드는 법

1 족파는 다듬어 씻어 물기를 뺀 뒤 파의 흰 머리 부분에 꽃게액젓을 뿌려 30분 정도 절인다.

2 냄비에 물과 찹쌀가루를 넣어 잘 풀고 중불에서 저어가며 되직해질 때까지 끓인 뒤 식힌다.

3 양념 재료 중 배와 양파는 적당한 크기로 잘라 믹서에 넣고 곱게 간 후 나머지 재료를 섞어 양념을 만든다.

4 절인 족파의 머리 부분부터 양념을 골고루 발라 김치통에 담는다. 실온에서 하루 정도 익힌 후 냉장 보관한다.

통보리물김치

아삭한 얼갈이에 통보리의 은은한 구수함이 스며든 통보리물김치는

청량하고 시원한 여름 별미 김치입니다.

익을수록 국물의 맛이 깊어져 소면을 말아 먹으면 더없이 훌륭한 한 그릇이 완성됩니다.

여린 얼갈이는 세게 다루면 풋내가 올라오므로 결을 살려 가볍게 손질하고,

보리밥은 반드시 완전히 식혀 넣어야 국물이 맑고 산뜻하게 유지됩니다.

기본 재료

얼갈이 2단(3kg), 물(절임용) 3ℓ, 굵은 소금(절임용) 1컵, 소금(뿌리는 용) 2큰술

무 2kg, 배·양파 1개씩, 마늘 100g, 생강 ½톨

홍고추 10개, 청양고추 5개

보리밥 재료

통보리쌀 100g, 생수 ½컵(100㎖)

국물 재료

생수 1.8ℓ, 꽃게액젓(또는 맑은 액젓) ¾컵, 맛육수(또는 참치액)·꽃소금 ½컵씩

매실청 8큰술, 설탕 6큰술

만드는 법

1 얼갈이는 뿌리 끝만 정리하고 손질해 씻은 얼갈이를 물 3ℓ에 굵은소금 1컵을 녹여 부은 뒤

　　소금 2큰술은 그 위에 뿌린다. 중간에 2~3번 뒤집어가며 1시간 절인다.

2 절인 얼갈이를 두 번 정도 가볍게 씻어 체에 밭쳐 30분 이상 물기를 충분히 뺀다.

3 보리쌀을 깨끗이 씻어 생수를 붓고 전기밥솥의 잡곡 모드로 밥을 지은 뒤 완전히 식힌다.

4 무를 믹서에 넣고 입자가 살아 있게 간다. 양파와 배, 마늘, 생강은 믹서에 넣어 곱게 간다.

　　홍고추와 청양고추는 각각 믹서에 입자가 살도록 살짝만 간다.

5 김치통에 생수 1.8ℓ와 국물 양념을 넣어 섞은 뒤 ④의 믹서에 간 채소들과 식힌 통보리밥을 넣어 가볍게 섞는다.

6 얼갈이를 눌러 담지 말고 국물에 살포시 잠기게 담는다. 실온에서 하루 정도 익힌 후 냉장 보관한다.

오이깍두기

수분 가득한 오이에 고춧가루 양념이 가볍게 스며든 오이깍두기는

아삭함이 생명인 즉석 김치입니다.

깍둑 썰어 더 경쾌한 식감과 양파 · 부추가 더하는 은은한 단맛이 어우러져

자극적이지 않게 입맛을 돋워주니다. 절인 오이의 물기를 과하게 짜면 양념이 겉돌고

특유의 청량감이 줄어드니 가볍게 톡톡 털어내는 정도가 적당합니다.

또한 오이깍두기는 담그자마자 먹을 때 가장 맛있으며,

부추는 마지막에 넣어 버무려야 숨이 죽지 않고 풋내 없이 향을 살릴 수 있습니다.

기본 재료

오이 2개

소금 약간

부추 100g, 양파 ¼개

통깨 1큰술

양념 재료

고춧가루 2큰술

꽃게액젓(또는 맑은 액젓) 1½큰술

올리고당 1큰술

다진 마늘 · 매실청 ½큰술씩

만드는 법

1 깨끗이 씻은 오이는 끝을 잘라내고 한입 크기로 깍둑썬 뒤 소금을 살짝 뿌려 30분 정도 절인다.

2 분량의 재료를 섞어 양념을 만든다.

3 씻어 물기를 제거한 부추는 2㎝ 길이로 썰고, 양파는 채 썬다.

4 절인 오이의 물기를 가볍게 털어내듯 제거하고, 부추 · 양파와 함께 ②의 양념에 살살 버무린 뒤
  통깨를 뿌려 마무리한다.

사
계
절

겉
절
이

아삭한 알배추에 과일의 산뜻한 단맛과 새우를 껍질째 삶아 갈아 넣어 깊은 감칠맛을
균형 있게 담아낸 겉절이는 국물 요리에 곁들이기 좋은 즉석 김치입니다.
집에 배나 단감 등 선물 받은 과일이 있다면 껍질을 벗겨 먹기 좋게 썰어
양념에 함께 버무리면 한층 풍성하고 색다른 맛의 겉절이를 즐길 수 있어요.

기본 재료
알배추 1kg
굵은 소금(절임용) ¼컵(100g), 고춧가루(색 내기용) 2큰술, 쪽파 70g, 배 300g
양념 재료(알배추 2kg 분량)
고춧가루 10큰술, 꽃게액젓 5큰술
다진 마늘·매실청·올리고당 2큰술씩, 새우젓 1큰술, 생강즙 1½작은술
무 150g, 배 80g, 양파 70g, 홍고추 15개, 찬 밥 2큰술
껍질 새우(중하 크기) 80g, 물(새우 삶는 용) 1컵

만드는 법
1 알배추는 씻어 물기를 털지 않고 준비한다. 큰 잎은 칼로 길게 찢어 두고, 분량의 소금 중 ⅓은
  바닥 면에 녹이고 그 위에 알배추를 올린다. 남은 소금은 잎 사이사이에 골고루 뿌려 중간에 한 번 뒤집어가며
  약 1시간 절인다. 절인 알배추는 찬물에 2~3번 헹궈 소금기를 뺀 뒤 체에 밭쳐 물기를 제거한다.
2 쪽파는 5㎝ 길이로 자르고, 껍질을 벗긴 배는 먹기 좋은 큼직한 크기로 썬다.
3 양념 재료 중 껍질 새우는 냄비에 물 1컵을 넣고 끓으면 넣어 삶아 식힌다.
4 삶은 새우와 나머지 양념 재료를 모두 믹서에 넣어 곱게 간 뒤 밀폐용기에 담아 냉장고에서 하루 정도 숙성시킨다.
5 물기를 뺀 알배추에 고춧가루 2큰술을 넣어 가볍게 버무려 수분을 잡고 색을 낸다.
6 ⑤의 알배추와 쪽파, 준비한 양념의 절반을 넣어 결을 살려 가볍게 버무린다.
7 썰어 둔 배에 남은 양념을 조금 넣어 버무리고, 겉절이와 함께 곁들여 낸다.

동치미

무가 맛있는 겨울에 더욱 생각나는 동치미는 무의 아삭한 식감과

시원하면서도 은은한 단맛이 나는 국물이 조화를 이루는 김치입니다.

기름진 음식과 함께 곁들이면 입안을 깔끔하게 정리해주며

국수를 삶아 말아 먹기에도 좋습니다. 배와 사과를 넣어 자연스러운 단맛을 살리고,

마늘과 생강으로 깊은 향을 더해 깔끔하면서도 풍미 있는 국물 맛을 냅니다.

또한 액젓과 맛육수를 더해 감칠맛을 한층 높였습니다.

기본 재료

무 5kg, 소금 200g

배 · 사과 1개씩, 마늘 15쪽

생강 2톨, 고추씨 30g

쪽파 200g, 삭힌 고추 20개

국물 재료

꽃게액젓(또는 맑은 액젓) 50g

맛육수 50g, 뉴수가 · 그린스위티 30g씩

생수 8ℓ

만드는 법

1 무는 껍질째 깨끗이 씻는다.

2 큰 볼에 소금을 담고 무를 하나씩 넣어 굴려 표면에 골고루 소금을 묻힌다.

  소금이 묻은 무를 김치통에 차곡차곡 담고 뚜껑을 덮어 실온에서 2일간 절인다.

3 배와 사과는 깨끗이 씻어 씨를 제거하고 6~8등분한다.

4 마늘과 생강은 손질해 씻은 뒤 굵게 다진다. 면포에 마늘, 생강, 고추씨를 넣고 입구를 단단히 묶는다.

5 절인 무가 담긴 김치통에 배, 사과, ④의 면포를 넣는다.

6 국물 재료를 한데 섞어 고루 저은 뒤 김치통에 붓는다.

7 쪽파와 삭힌 고추를 위에 올리고, 누름돌을 얹어 재료가 뜨지 않도록 한다.

  뚜껑을 덮고 서늘한 실온에서 3~4일간 숙성한 뒤 냉장고에 보관한다.

오이알배추 물김치

아삭한 오이와 부드러운 알배추를 함께 담가 새콤하고 시원한 맛을 즐길 수 있는
물김치입니다. 국물이 개운하고 담백해 입맛이 없을 때 곁들이기 좋으며,
여름철에는 찬밥이나 국수와 함께 즐기면 훌륭한 한 끼가 됩니다. 무와 배, 양파를 갈아 넣은
국물에 매실청과 찹쌀풀을 더해 은은한 단맛과 깊은 감칠맛을 살린 것이 특징입니다.
또한 오이는 끓인 소금물을 한 김 식혀 절이면 익어도 식감이 물러지지 않고
아삭함이 유지되며, 풋내도 자연스럽게 제거됩니다.

기본 재료

오이 6개, 알배추 3통, 쪽파 100g, 청양고추 4개

오이절임 재료

소금 ½컵, 물 1ℓ

알배추절임 재료

소금 2컵, 물 4ℓ

국물 재료

배 1개, 양파 2개, 무 700g, 마늘 100g, 생강 50g, 홍고추 500g, 꽃게액젓(또는 맑은 액젓) ½컵
매실청·찹쌀풀 3큰술씩, 맛육수(또는 참치액) 2큰술, 설탕, 소금 150g, 생수 4ℓ

만드는 법

1 오이는 깨끗이 씻어 길이로 반 갈라 씨를 숟가락으로 긁어낸다.
   끓여 한 김 식힌 오이절임물을 붓고 1시간 정도 절인 뒤 체에 밭쳐 물기를 뺀다.

2 알배추는 반으로 갈라 씻어 물기를 뺀다. 절임용 소금 1컵은 물에 녹여 붓고, 나머지 소금 1컵은
   배추 잎 사이사이에 뿌린다. 5시간 정도 절인 뒤 맑은 물에 3번 정도 헹궈 체에 밭쳐 물기를 제거한다.

3 배, 양파, 무, 마늘, 생강, 홍고추를 손질해 믹서에 넣고 간 뒤 면보에 거른다.

4 ③에 꽃게액젓, 매실청, 찹쌀풀, 맛육수, 설탕, 소금, 생수를 넣고 고루 섞어 국물을 만든다.

5 김치통에 절인 오이와 알배추, 쪽파, 청양고추를 담고 준비한 ④의 국물을 부은 뒤 하루 정도 실온에서 숙성시킨다.
   이후 냉장고에 보관해 시원하게 즐긴다.

대
파
김
치

대파의 흰 부분을 중심으로 만들어

파 고유의 단맛과 향이 살아 있는 대파김치입니다.

특히 삼겹살이나 항정살처럼 기름진 고기 요리와 잘 어울려

느끼함을 깔끔하게 잡아주고 상큼한 뒷맛을 더해줍니다.

숙성이 진행될수록 파의 매운맛이 차분히 가라앉고 양념이 깊숙이 배어들어

입맛 없을 때 즐기기에도 좋은 반찬입니다.

기본 재료

대파 500g

꽃게액젓(또는 맑은 액젓) 1큰술

양념 재료

배 ¼개

양파 ⅓개

생강 ⅓톨

고춧가루 5큰술

찹쌀풀 · 꽃게액젓(또는 맑은 액젓) 3큰술씩

매실청 · 물엿 · 설탕 1큰술씩

만드는 법

1 대파는 흰 부분 위주로 준비해 깨끗이 씻고 물기를 제거한다. 1.5㎝ 길이로 송송 썬 뒤
   꽃게액젓 1큰술을 넣어 30분간 절인다.

2 믹서에 배 · 양파 · 생강을 넣어 곱게 간 뒤 나머지 양념 재료를 넣어 고루 섞어 양념을 완성한다.

3 절인 대파에 ②의 양념을 넣어 골고루 버무린다.

4 실온에서 하루나 이틀 정도 익힌 후 냉장 보관한다.

더덕물김치

식초를 넣어 만들자마자 먹어도 맛있고

하루 이틀 정도 숙성시켜 먹으면 더욱 별미인 더덕물김치입니다.

고춧가루 대신 붉은 생고추를 갈아 면보에 거른 국물을 쓰면

맛이 훨씬 깔끔하고 시원하답니다.

기본 재료

더덕 1뿌리

양념 재료

홍고추 6개

물 1컵

식초 3큰술

설탕 2큰술

소금 1½작은술

만드는 법

1 더덕은 껍질을 벗기고 0.1㎝ 두께로 얇게 어슷썬다.

2 홍고추는 꼭지를 떼고 굵게 썰어 믹서에 넣고 분량의 물을 부어 곱게 간다.

   거름망에 면보를 깔고 부어 국물만 거른다. 또는 원액기에 분량의 물과 홍고추를 넣고 짠다.

3 ②의 국물에 나머지 양념 재료를 모두 넣고 고루 섞는다.

4 더덕에 ③의 양념을 넣고 섞는다. 취향에 따라 바로 먹거나 1~2일 숙성시켜 먹는다.

무
석
박
지

시원하면서도 아삭한 무석박지를 맛있게 먹기 위해서는
소금과 설탕을 넣고 1시간 정도 절여서 담그는 것이 좋습니다.
이렇게 담근 무석박지는 무의 수분을 빼주고 밑간이 약간 더해져서
양념을 넣고 섞어 바로 먹어도 맛있답니다.

기본 재료

무 1.2kg

소금 · 설탕 ½큰술씩

쪽파 5줄기

양념장 재료

고춧가루 · 찹쌀풀(물 10 : 찹쌀 7) 4⅓큰술씩

꽃게액젓(또는 맑은 액젓) · 설탕 1⅓큰술씩

양파 100g

홍고추 2개

새우젓 1⅛큰술, 다진 마늘 1큰술

다진 생강 ½작은술

만드는 법

1 무는 두께 1cm, 너비 3×4cm 크기로 썰어 분량의 소금과 설탕을 뿌린 뒤 1시간 정도 절인다.

2 쪽파는 4cm 길이로 썬다.

3 양념장 재료 중 양파, 홍고추, 새우젓을 믹서에 넣고 곱게 갈아 볼에 넣고

　　나머지 양념장 재료를 모두 넣어 고루 섞는다. 하루 정도 냉장고에서 숙성시키면 더욱 좋다.

4 절임물을 따라낸 ①의 무에 쪽파를 넣은 뒤 양념장을 넣어 고루 버무린다.

맛과 추억, 편안함과 다양성을 모두 담은 분식은 한국인들의 일상 속에서 언제나 사랑받는 소울 푸드입니다. 학교 앞 떡꼬치, 왕소시지김밥과 오징어어묵무침처럼 익숙한 전통 분식은 어린 시절의 추억을 떠올리게 하고, 잔치국수와 비빔납작만두처럼 정통 메뉴는 언제 먹어도 맛있고 든든합니다. 여기에 쯔유들기름비빔국수, 채소 듬뿍 과일소스 쟁반쫄면처럼 현대적 감각을 더한 퓨전 메뉴가 더해져 새롭고 색다른 맛을 즐길 수 있습니다. 감자고로케, 심플 감자전, 데리야끼닭꼬치, 꿀떡간장치킨, 또띠아견과호떡 등 간식과 건강 스낵까지 포함한 다채로운 구성은 가족과 함께 나누며 즐거운 식탁을 완성할 수 있게 해줍니다.

쯔유 들기름 비빔국수

들기름의 고소한 향과 쯔유의 감칠맛이 어우러진 메밀비빔면.

아삭하고 새콤달콤한 오이절임이 산뜻함을 더해 입맛을 살려주는 별미입니다.

생메밀면은 삶은 뒤 들기름에 먼저 버무리면 쉽게 불지 않고,

들기름의 고소한 향이 면 속에 스며들어 한층 맛있게 즐길 수 있습니다.

기본 재료 (2인분)

생메밀면 2인분(240g)

오이 ½개, 다진 쪽파 2큰술

통깨가루 · 들깨가루 1½큰술씩

통들깨 1큰술

채 썬 김 약간

오이 절임 재료

설탕 · 식초 2큰술씩

소금 ½큰술

비빔 양념 재료

들기름 2½큰술

쯔유 2큰술

만드는 법

1 오이는 동그란 단면 그대로 얇게 슬라이스한다. 설탕, 식초, 소금을 넣어 20분 정도 절인 뒤
   물기를 꼭 짜서 준비한다.

2 생메밀면은 끓는 물에 4분 정도 삶아 찬물에 3~4번 헹궈 전분기를 완전히 제거한 후 물기를 뺀다.

3 삶은 메밀면에 들기름 1큰술을 넣어 먼저 가볍게 버무린 뒤 쯔유와 남은 들기름을 넣고 다시 한 번 고루 섞는다.

4 그릇에 메밀면을 담고 오이절임 · 다진 쪽파 · 통깨가루 · 들깨가루 · 통들깨 · 채 썬 김을 보기 좋게 올린다.

5 먹기 직전에 모든 재료를 가볍게 섞어 고소하고 산뜻하게 즐긴다.

충무식
오징어어묵무침과
김밥

탱글한 오징어, 쫄깃한 어묵, 아삭한 무가 어우러진 충무식 오징어어묵무침입니다.

반찬으로 먹어도 별미이고, 김밥이나 주먹밥과 곁들이면 충무김밥식 한 상으로 즐길 수 있습니다.

무와 오징어는 새콤달콤한 양념에 무쳐 하루 정도 냉장 숙성하면 양념의 맛이 깊어지고

간도 잘 배어듭니다. 오징어는 너무 오래 데치면 질겨지니 3~5분 정도 익을 정도로만 데칩니다.

어묵은 한 번 데쳐내면 기름기가 빠져 담백해지고 식감도 한층 부드러워져요.

기본 재료

무 500g, 오징어 2마리, 어묵 100g

절임 재료

식초 · 설탕 ¼컵씩, 소금 ½큰술

양념 재료

고춧가루 2½큰술, 꽃게액젓(또는 맑은 액젓) · 다진 마늘 1큰술씩, 매실청 · 올리고당 · 참기름 ½큰술씩

설탕 · 다진 생강 ½작은술씩, 통깨 약간

충무식 김밥 재료

구운 김 2장, 밥 1공기

만드는 법

1 무는 깨끗이 씻어 껍질을 벗기고, 길이로 6등분한 뒤 큼직하게 어슷썰기한다.

2 손질한 오징어를 끓는 물에 넣고 3~5분간 데친 뒤 체에 받쳐 물기를 뺀다. 몸통은 2×5㎝ 크기로 썰고,

   다리는 먹기 좋은 길이로 자른다.

3 어묵은 3×5㎝ 크기로 썰어 끓는 물에 10초 정도 데친 뒤 체에 받쳐 물기를 뺀다.

4 썬 무와 데친 오징어에 절임 재료를 넣고 고루 섞어 냉장실에서 하루 정도 숙성시킨 뒤 체에 받쳐 물기를 뺀다.

5 큰 볼에 절인 무와 오징어, 데친 어묵을 넣고 분량의 양념 재료를 더해 골고루 버무린다. 통깨를 뿌려 마무리한다.

6 구운 김은 4등분해 그 위에 밥을 적당량 올려 꼭꼭 말아 무침과 곁들여 먹는다.

학교 앞 떡꼬치

방과 후 주머니 속 동전 몇 개로 사 먹던 달콤하고 매콤한 떡꼬치는
세대를 아우르는 '추억의 맛'입니다. 겉은 살짝 바삭하고 속은 쫄깃하며
윤기 흐르는 양념이 입맛을 절로 당기지요.
고추장의 매운맛과 케첩의 감칠맛, 약간의 신맛에 설탕과 올리고당이 더해져
달콤짭조름한 균형을 이루는 것이 포인트입니다.
소스를 넉넉히 만들어두면 떡을 튀겨 간편하게 즐길 수도 있어요.

기본 재료

가래떡(떡꼬치용) 20개

땅콩 분태·파슬리가루 약간씩

꼬치 4개

양념 재료

맛술 2큰술

고추장·케첩·올리고당·설탕 1큰술씩

맛간장 ½큰술

다진 마늘 ½작은술

만드는 법

1 가래떡은 5개씩 꼬치에 꽂는다.

2 냄비에 양념 재료를 모두 넣고 중불에서 바글바글 끓인 뒤 불을 끈다.

3 달군 팬에 식용유를 약간 두르고 가래떡꼬치를 중불에서 앞뒤로 노릇하게 굽는다.

4 구운 떡에 준비한 양념소스를 붓으로 앞뒤로 골고루 바른다.

5 떡꼬치에 땅콩분태와 파슬리가루를 뿌린다.

데리야끼 닭꼬치

한입 베어 물 때마다 달콤짭조름한 감칠맛이 입안 가득 퍼지는
간편한 홈 바비큐 메뉴입니다. 데리야끼소스는 졸일수록 윤기가 돌고 맛이 진해져요.
약불에서 천천히 끓이면서 농도를 맞추세요. 파프리카는 너무 오래 굽지 말고
색감을 살려야 꼬치가 더 먹음직스러워 보입니다.

기본 재료

시판 꼬치용 닭고기 10조각

빨강·노랑 파프리카 ½개씩, 식용유 적당량

닭꼬치 밑간 재료

청주·맛술 1큰술씩

소금 ⅓작은술, 후춧가루 ¼작은술

데리야끼 소스 재료

맛간장·맛술 2큰술씩

설탕·물엿 1큰술씩, 굴소스 ½큰술

만드는 법

1 닭고기는 밑간 재료를 넣고 고루 버무린 뒤 30분 정도 재워둔다.

2 파프리카는 씨를 제거하고 한입 크기의 네모 모양으로 썬다.

3 팬에 데리야끼 소스 재료를 넣고 중불에서 5분 정도 졸이듯 끓인다.

4 달군 팬에 식용유를 두르고 밑간한 닭고기를 올려 앞뒤로 노릇하게 굽는다.

5 꼬치에 구운 닭고기와 파프리카를 번갈아 끼운 뒤 붓으로 데리야끼 소스를 골고루 바른다.

6 팬에 ⑤의 꼬치를 올려 앞뒤로 한 번씩 더 구워 양념이 잘 배도록 한다.

샐러드삼각김밥

아이들을 위한 아침 메뉴나 직장인들을 위한 도시락 메뉴로 좋은 샐러드삼각김밥은
채소의 아삭함과 크래미의 부드러움, 치즈의 고소한 맛이 조화를 이루는 간편식입니다.
깻잎의 향긋함과 새콤달콤하면서도 부드러운 소스가 입맛을 돋우는 메뉴이지요.
김이 눅지 않게 하려면 밥의 수분을 살짝 식힌 뒤에 싸는 것이 좋습니다.
도시락이나 피크닉용으로 포장할 때는 랩으로 단단히 감싸 모양을 고정하면 깔끔합니다.

기본 재료

밥 1공기, 김 2장, 치즈 4장
양배추 70g, 오이 ½개, 크래미 100g
달걀 2개, 깻잎 8장

밥 양념 재료

소금 ¼작은술, 참기름·통깨 ½큰술씩

소스 재료

마요네즈·허니머스터드 2큰술씩, 설탕 ½큰술, 소금 한 꼬집

만드는 법

1 따뜻한 밥에 소금, 참기름, 통깨를 넣고 고루 섞어 양념한다.

2 김은 삼각형 모양으로 자르고, 치즈도 같은 크기의 삼각형으로 자른다.

3 양배추와 오이는 가늘게 채 썰고, 크래미는 결대로 찢어 둔다.

4 달걀을 곱게 풀어 체에 내린 뒤 얇게 부쳐 채 썬다.

5 볼에 양배추, 오이, 지단, 크래미를 넣고 소스 재료를 모두 넣어 잘 섞어 샐러드를 완성한다.

6 삼각형으로 자른 김 위에 치즈를 한 장 올리고, 가운데 깻잎을 놓는다.

7 그 위에 밥을 얇게 펴고 ⑤의 샐러드를 적당히 올린 뒤 양쪽을 말아 올려 삼각형 모양으로 접는다.

감자고로케

부드럽게 으깬 감자 속에 볶은 채소와 햄을 넣어, 겉은 바삭하고 속은 촉촉하게 튀겨낸
감자고로케입니다. 고소한 빵가루 옷이 먼저 입안을 감싸고, 안쪽의 부드러운 감자와
달큰한 채소 맛이 어우러져 남녀노소 모두 즐기기 좋은 간식이자 든든한 밥반찬입니다.
케첩이나 머스터드소스를 곁들이면 풍미가 더욱 살아 맛있게 즐길 수 있습니다.
또한 감자를 삶은 후 뜨거울 때 으깨면 속이 더 부드럽고 매끈하게 완성됩니다.

기본 재료

감자 4개

생수 적당량

당근 ⅔개

양파 ½개

햄 50g

소금·후춧가루 약간씩

달걀 2개

밀가루 1컵

빵가루 2큰술

식용유 적당량

만드는 법

1 감자는 껍질을 벗겨 큼직하게 썰어 냄비에 담고 감자가 잠길 정도의 물을 붓고 삶는다.

2 삶은 감자는 식기 전에 골고루 으깬다.

3 당근과 양파, 햄은 잘게 썰어 달군 팬에 넣고 소금 두 꼬집을 넣고 투명해질 때까지 볶은 뒤 식힌다.

4 달걀은 곱게 푼다.

5 으깬 감자와 볶은 당근, 양파, 햄을 한데 섞고 소금과 후춧가루로 간한 뒤 60g씩 소분해
   동그란 모양으로 성형한다.

6 성형한 감자에 밀가루, 달걀물, 빵가루를 차례대로 묻혀 180℃로 예열한 식용유에 노릇하게 튀겨 낸다.

심플 감자전

부드럽게 간 감자와 식감이 살아 있는 감자채를 섞어
노릇하게 부친 심플 감자전입니다.
겉은 바삭하고 속은 부드러워 간단한 간식이나
밥반찬으로 즐기기 좋습니다.
감자와 함께 양파를 갈아 넣으면 단맛과 풍미가 더해지고,
감자의 풋내를 중화해 더욱 맛있게 완성됩니다.

기본 재료

감자 4개
양파 ⅓개
전분가루 2½큰술
소금 ⅓큰술
식용유 적당량

만드는 법

1 감자는 껍질을 벗긴다. 믹서에 감자 2개와 양파를 넣어 곱게 간다. 나머지 감자 2개는 채칼로 채 썬다.

2 볼에 간 감자와 감자채, 전분가루, 소금을 넣어 부드럽게 섞는다.

3 달군 팬에 식용유를 넉넉히 두르고 ②를 적당량 떠 올린 뒤 앞뒤로 노릇하게 부친다.

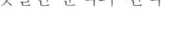

감자샐러드

부드럽게 삶은 감자와 달걀, 아삭한 오이, 바삭한 베이컨을

함께 버무려 만든 감자샐러드입니다.

마요네즈와 꿀, 홀그레인 머스터드가 감자의 담백함과 어우러져

고소하고 달콤한 맛을 내며 간단한 간식이나 샐러드 반찬으로 즐기기 좋습니다.

감자는 뜨거울 때 으깨면 부드럽고 매끈한 질감이 살아납니다.

기본 재료

감자 350g, 오이 ⅓개

삶은 달걀 3개, 베이컨 40g

송송 썬 쪽파 약간

소금 약간

양념 재료

마요네즈 6큰술

꿀 2큰술

홀그레인 머스터드 1작은술

백후춧가루 약간

만드는 법

1 감자는 껍질을 벗기고 큼직하게 썬 뒤 냄비에 감자가 잠길 정도의 물과 소금 약간을 넣어 삶는다.
   삶은 감자는 뜨거울 때 골고루 으깬다.

2 오이는 길이로 반을 갈라 숟가락으로 씨를 제거하고 얇게 편으로 썰어 소금 ⅓작은술을 넣고
   20분 정도 절인 뒤 꼭 짠다.

3 베이컨은 잘게 썰어 마른 팬에 볶은 뒤 키친타월로 기름기를 제거한다.

4 삶은 달걀은 먹기 좋은 크기로 으깬다.

5 볼에 양념 재료를 넣어 섞고 으깬 감자, 달걀, 절인 오이, 베이컨을 넣어 골고루 버무린 뒤
   송송 썬 쪽파를 뿌려 낸다.

비빔납작만두

노릇하게 구운 납작만두에 신선한 채소를 푸짐하게 올리고

간장과 식초를 베이스로 한 새콤한 소스를 더해 비빔만두처럼 즐기는 요리입니다.

만두의 고소함과 채소의 아삭함, 소스의 감칠맛이 동시에 어우러져 간단하지만 완성도 높은

한 접시로 즐기기 좋아요. 가벼운 식사나 맥주 안주로도 좋은 메뉴입니다.

채소는 곱게 채 썰수록 만두와 잘 섞이고 식감도 부드러워집니다.

기본 재료

시판 납작만두 12장

깻잎 6장, 양파·당근 ¼개씩

빨강·노랑 파프리카 ¼개씩

오이 ½개

양배추 50g

식용유 1큰술

소스 재료

맛간장·식초·물·참기름 1큰술씩

설탕·고춧가루 ½큰술씩

후춧가루 ⅓작은술

통깨 ½큰술

만드는 법

1 깻잎과 양파, 당근, 파프리카, 오이, 양배추는 손질해 씻은 뒤 물기를 제거하고 가늘게 채 썬다.

2 달군 팬에 식용유를 두르고 납작만두를 올려 앞뒤로 노릇하게 굽는다.

3 분량의 소스 재료를 차례대로 넣고 고루 섞어 소스를 만든다.

4 접시에 구운 납작만두를 둥글게 둘러 담고, 채 썬 채소를 섞어 올린 뒤 소스를 곁들여 낸다.

비빔잡채

볶는 대신 삶아 건진 당면에 생채의 아삭함을 더해

무겁지 않고 경쾌한 맛이 매력적인 비빔잡채입니다.

싱그러운 채소의 식감 위로 은근한 단맛과 감칠맛, 산미가 균형 있게 어우러지며

입맛을 산뜻하게 깨우지요. 곁들이는 반찬이 많지 않아도

한 그릇만으로도 풍성하게 보여 집들이나 손님상은 물론

가벼운 혼밥 메뉴로도 좋습니다.

기본 재료 (2~3인분)

당면 200g

참기름(당면 버무림용) 1큰술

오이 ⅓개

당근·양파 ⅓개씩

적양배추 60g

양념장 재료

맛간장·고추장 2큰술씩

설탕·식초 1½큰술씩

고춧가루 1큰술

다진 마늘 ½큰술

참기름·통깨 1큰술씩

만드는 법

1 당면은 미지근한 물에 불린 뒤 삶아 찬물에 헹궈 체에 밭쳐 물기를 뺀다.
   참기름 1큰술에 가볍게 버무려 코팅해둔다.

2 오이, 당근, 양파, 적양배추는 얇게 채 썬다.

3 볼에 양념장 재료를 차례대로 넣고 고루 섞는다.

4 접시에 당면과 채소를 돌려 담고 양념장을 곁들인다.

꿀떡간장치킨

집에서도 가볍게 만들 수 있는 간장치킨에 꿀떡과 땅콩을 더해

풍성한 식감과 맛을 살린 꿀떡간장치킨입니다.

닭봉은 기름에 두 번 튀겨야 소스에 버무려도 눅눅해지지 않고 끝까지 바삭함이 유지되며,

겉은 바삭하고 속은 촉촉하게 익습니다.

전분을 묻힐 때는 두껍지 않게, 얇고 균일하게 코팅해야

껍질이 딱딱해지지 않고 소스도 자연스럽게 스며듭니다.

기본 재료

닭봉 500g, 감자전분 적당량, 꿀떡 6개

땅콩 30g, 녹말가루 약간, 식용유 적당량

닭봉 밑간 재료

청주 · 다진 마늘 1큰술씩, 다진 생강 1작은술, 소금 ¼작은술, 후춧가루 약간

소스 재료

생수 ⅓컵, 물엿 1½큰술, 설탕 1큰술

맛간장 · 굴소스 · 다진 마늘 · 고추기름 ⅓큰술씩, 식초 ⅓큰술

만드는 법

1 닭봉에 밑간 재료를 넣어 고루 버무린 뒤 1시간 재운다. 물기를 가볍게 눌러 제거하고
   감자전분을 얇고 고르게 묻힌다.

2 팬에 식용유를 넉넉히 두르고 꿀떡을 굴려가며 노릇하게 튀기듯 부쳐 건져둔다.

3 닭봉을 180℃의 기름에 한 번 튀겨 건진 뒤 한 김 식히고, 다시 한 번 튀겨 더 바삭하게 익힌 후 기름을 털어낸다.

4 팬에 소스 재료를 넣고 양이 절반으로 줄 때까지 졸여 농도를 낸다.

5 튀긴 닭봉을 소스에 넣어 윤기 나게 버무린다.

6 접시에 ⑤의 닭봉과 ②의 꿀떡을 담고 땅콩을 뿌려 마무리한다.

또띠아 견과 호떡

호떡의 달콤한 추억을 가장 가볍고 실용적인 방식으로 풀어낸 디저트입니다.

얇게 구운 또띠아에 깊고 진한 흑당시럽과 다양한 종류의 견과를 듬뿍 올리면

바삭하면서도 달콤하고 고소한 맛까지 한입에 완성됩니다.

흑당시럽을 만들 때는 끓이는 동안 저으면 설탕 결정이 생겨 딱딱하게 굳습니다.

또 견과류는 한 번에 볶아야 향이 살아나고 수분이 날아가

시럽을 올렸을 때도 눅눅해지지 않아요.

기본 재료

또띠아 1~2장

흑당시럽 4큰술

모듬 견과(호박씨, 아몬드 등) 150g

흑당시럽 재료

다크 머스코바도 500g

생수 500㎖

만드는 법

1 마른 팬에 또띠아를 앞뒤로 살짝 구운 뒤 열십자(+)로 잘라 4등분한다.

2 팬에 견과를 넣어 향이 올라올 때까지 볶고, 아몬드처럼 큰 견과는 굵게 다진다.

3 냄비에 머스코바도와 물을 넣고 중불로 가열한다. 끓기 시작하면 4분 더 끓이고
   약불로 낮춰 10분간 은근히 졸인다. 완전히 식힌 뒤 소독한 병에 담아 냉장 보관한다.

4 또띠아 위에 ③의 흑당시럽을 바르고 볶은 견과를 풍성히 올려 완성한다.

믹스견과강정

견과류를 흑당시럽에 코팅해 만든

바삭하고 고소한 스낵형 간식으로

남녀노소 누구나 맛있고 건강하게 즐길 수 있습니다.

특히 흑당의 진한 풍미 덕분에

일반 설탕 코팅보다 깊고 구수한 단맛을 느낄 수 있어요.

단, 시럽을 너무 오래 끓이면 강정이 딱딱해질 수 있으니 주의하세요.

호두나 해바라기씨 등 다양한 견과류를

취향에 맞게 선택해 만들어 보세요.

기본 재료

아몬드 · 피칸 · 캐슈넛 200g씩

흑당시럽 재료

다크 머스코바도 · 물 500g씩

만드는 법

1 웍에 흑당시럽 재료를 넣고 끓기 시작하면 아몬드와 피칸, 캐슈넛을 넣고 5분간 졸인 후 체에 밭쳐 시럽을 뺀다.
　골고루 섞은 뒤 다시 5분 더 구워 식힌다.

2 오븐팬에 ①의 견과류를 펼쳐 넣은 뒤 170℃로 예열한 오븐에 5분 굽는다.

3 ②의 견과류를 뒤집어 다시 5분 굽는다.

4 완전히 식힌 뒤 밀폐용기에 담는다.

병아리콩 오븐구이

병아리콩을 원당시럽에 코팅해 만든 바삭한 건강 간식입니다.

병아리콩은 식물성 단백질이 풍부해 비건들에게도 좋은 단백질원입니다.

흑당의 깊고 구수한 단맛이 병아리콩의 고소함과 어우러져

남녀노소 누구나 맛있고 건강하게 즐길 수 있습니다.

시럽을 너무 오래 끓이면 강정이 딱딱해질 수 있으니 주의하세요.

호두나 아몬드, 캐슈넛 등 다양한 견과류를 더해 취향에 맞는

나만의 건강 간식으로 만들어 보세요.

기본 재료

병아리콩 200g

버터 · 통깨 · 검정깨 1큰술씩

원당시럽 재료

머스코바도(원당) · 물 500g씩

만드는 법

1 병아리콩은 깨끗이 씻어 물에 담가 10시간 정도 불린 뒤 끓는 물에 20분간 삶아 체에 밭쳐 물기를 뺀다.

2 웍에 원당시럽 재료를 넣고 끓기 시작하면 삶은 병아리콩을 넣고 소스가 고루 입혀지도록 볶다가
　　버터와 통깨, 검정깨를 넣고 센불에서 단숨에 볶아 낸다.

3 오븐팬에 ②를 올려 골고루 펼친다.

4 160℃로 예열한 오븐에 ③을 넣고 10분 정도 구운 뒤 꺼내서 골고루 섞어 다시 10분 더 굽는다.

5 오븐에 구운 병아리콩을 식힌 뒤 밀폐용기에 보관한다.

통오징어 치즈떡볶이

오징어를 자르지 않고 안의 내장만 제거해 통으로 올리기 때문에
분식이지만 요리처럼 비주얼이 멋진 떡볶이입니다. 고추장 대신 굵은 고춧가루와
고운 고춧가루, 찹쌀가루를 넣어 만든 양념은 텁텁하지 않고 깔끔한 맛이 일품이지요.
오징어는 상에 낸 뒤 먹기 직전에 가위로 잘라 먹습니다.

기본 재료
떡볶이 떡 300g, 통오징어 1마리
양파 ⅓개, 대파 ½대, 모차렐라치즈 150g
멸치 육수 2컵, 식용유 적당량

기름장 재료
설탕·참기름·간장·꿀 1큰술씩

떡볶이 소스 재료
굵은 고춧가루·고운 고춧가루 1큰술씩
찹쌀가루 10g, 치킨스톡(큐브) ⅓개
물엿·흑설탕·설탕 2⅓큰술씩, 간장 ⅔큰술
소금·후춧가루 ⅓작은술씩, 물 ¼컵

※ 멸치 육수 만드는 법은 23p를 참고하세요.

만드는 법
1 분량의 재료를 섞어 떡볶이 소스를 만든 뒤 냉장고에 넣어 하루 정도 숙성시킨다.

2 오징어는 자르지 않고 통으로 안의 내장만 제거하고 씻어 물기를 뺀 뒤 분량의 재료를 섞어 만든 기름장을 바른다.

3 양파는 채 썰고, 대파는 5㎝ 길이로 잘라 채 썬다.

4 냄비에 멸치 육수를 부은 뒤 ①의 떡볶이 소스를 넣어 섞고 강불에서 끓이다가 끓어오르면 떡과 양파를 넣는다.
   한소끔 끓으면 대파와 모차렐라치즈를 얹어 호일을 덮고 치즈가 녹을 때까지 뭉근하게 끓인다.

5 ②의 오징어는 식용유를 두른 팬에 앞뒤로 익힌 뒤 몸통 양옆에 1㎝ 간격으로 칼집을 내서 떡볶이 위에 올린 후
   기름장을 한 번 더 바른다.

왕소시지김밥

김밥용 햄 대신 두툼한 프랑크 소시지를 넣어 만든 김밥으로

김밥을 좋아하는 분들에게 추천하고 싶은 메뉴예요.

김밥 속에 들어가는 달걀지단을 만들 때에는

감칠맛과 단맛을 더해주는 양념을 넣어 부치면 더욱 맛있지요.

또 로메인을 넣으면 색감도 살리고 채소의 풋풋한 향이 더해져 더욱 별미입니다.

기본 재료

쌀·물 1½컵씩, 프랑크 소시지 3개, 달걀 5개

단무지(김밥용) 100g, 로메인 6장, 구운 김 3장

식용유·참기름·소금 약간씩

달걀지단 양념 재료

맛술·물 1큰술씩, 맛육수(또는 참치액) ¼작은술

겨자 소스 재료

간장 2큰술, 겨자·물·식초·설탕 1큰술씩

만드는 법

1 쌀을 씻고 체에 건져 물기를 빼고 동량의 물을 부어 밥을 지은 뒤

　　소금과 참기름을 넣어 간한다.

2 달걀을 풀어 분량의 양념 재료를 넣고 섞은 뒤 도톰하게 지단을 부쳐 길이로 길게 썰어 준비한다.

3 소시지는 식용유를 살짝 두른 팬에 굴려가며 굽는다.

4 단무지는 물기를 빼고 로메인은 씻어 물기를 털어 놓는다.

5 김발 위에 김을 올린 뒤 분량의 밥을 ⅓ 정도를 올려 골고루 깐 후 로메인을 펴서 올리고

　　소시지, 달걀지단, 단무지를 차례대로 올려 김밥을 싼다.

6 분량의 재료를 섞어 만든 겨자 소스에 김밥을 찍어 먹는다.

채소듬뿍 과일소스 쟁반쫄면

매운맛을 좋아하는 한국 사람이라면 누구나 좋아할 만한 쟁반쫄면입니다.

고추장에 간 배와 간 양파를 넣어 만든 과일소스는 한 번에 많이 만들어

냉장실에 두고 하루 이상 숙성시켜 먹으면 더욱 맛있습니다.

단, 오랜 시간 보관해가며 먹을 때에는 다진 마늘을 소스에서 빼고

먹기 직전 소스에 더해주는 게 좋아요.

기본 재료

쫄면 200g, 콩나물 150g, 양배추 40g, 오이 · 당근 20g씩, 깻잎 3장

맛간장 · 참기름 · 통깨 · 소금 약간씩

과일고추장소스 재료 (5인분)

고추장 200g, 간 배 ¼컵, 양조식초 5큰술

설탕 4큰술, 고춧가루 · 물엿 1큰술씩

다진 마늘 1큰술, 맛간장 1작은술, 소금 약간

※ 맛간장 만드는 법은 24p를 참고하세요.

만드는 법

1 분량의 재료를 섞어 과일고추장소스를 만들고 냉장실에 넣어 하루 정도 숙성시킨다.

2 쫄면은 끓는 물에 2분 30초 정도 삶은 뒤 찬물에 씻어 건지고 맛간장과 참기름을 약간 넣어 버무려 둔다.

3 콩나물은 씻어 물 1컵에 소금을 약간 넣고 삶아 건져 둔다.

4 양배추와 오이, 당근, 깻잎은 가늘게 채 썬다.

5 그릇에 콩나물을 담고 그 위에 쫄면, 양배추, 오이, 당근, 깻잎을 올리고 참기름과 통깨를 뿌린다.

6 과일 소스는 따로 종지에 담아 취향에 맞게 넣어 비벼 먹을 수 있게 한다.

오이비빔국수

찬물을 부어가며 익힌 후 마지막에는 얼음물로 한 번 씻어
더 쫄깃한 면에 아삭아삭한 오이와 배를 더한 비빔국수입니다.
소면이 아닌 생면으로 만들어 통통하면서도 쫄깃한 식감이 좋고
채소와 과일을 듬뿍 넣어 더욱 맛있습니다.

기본 재료

생면 320g, 백오이 200g

배 40g, 홍고추 ¼개

비빔장 재료

맛간장 3큰술, 설탕·고추기름·통깨 2큰술씩

설탕 1½큰술, 다진 마늘·참기름 1큰술씩

다진 청양고추 2작은술

※ 맛간장 만드는 법은 24p를 참고하세요.

만드는 법

1 백오이는 가늘게 채 썰고 배와 홍고추는 4㎝ 길이로 가늘게 채 썬다.

2 냄비에 물을 넉넉하게 붓고 생면을 넣고 끓여 거품이 올라오면 찬물을 약간 넣는다. 이 과정을 두 번 반복한다.

3 삶은 면은 찬물에 비벼가며 바락바락 씻은 후 마지막에는 얼음물에 한 번 씻어준다.

4 분량의 재료를 섞어 비빔장을 만든다.

5 물기를 제거한 면에 비빔장을 취향에 맞게 넣고 고루 비빈다.

6 ⑤를 접시에 담고 채 썬 오이와 배, 홍고추를 올린다.

잔치국수

멸치 육수의 맛이 진하게 나는 잔치국수로 멸치의 비린 맛을 잡기 위해
만능즙을 약간 넣어주면 좋습니다. 애호박과 당근은 채 썰고
미리 볶아 고명처럼 올려 내세요. 소면을 삶은 후 찬물에 비벼가며 헹구면
전분기가 제거되어 밀가루 냄새가 나지 않습니다.

기본 재료

국수면 120g

애호박 · 당근 ¼개씩

대파 10g

소금 · 참기름 · 김가루 · 깨소금 · 식용유 약간씩

육수 재료

멸치 육수 6컵, 국간장 1⅓큰술

맛육수(또는 참치액) 1큰술

만능즙 1작은술

※ 멸치 육수 만드는 법은 23p, 만능즙 만드는 법은 20p를 참고하세요.

만드는 법

1 냄비에 멸치 육수를 넣고 끓으면 국간장과 맛육수, 만능즙을 넣어 한소끔 끓인다.

2 애호박과 당근은 채 썰어 식용유를 약간 두른 팬에 넣고 소금을 약간 뿌려 각각 볶고, 대파는 송송 썬다.

3 냄비에 물을 넉넉하게 붓고 소면을 넣어 끓이다가 거품이 올라오면 찬물을 약간 넣는다.

   이 과정을 두 번 반복한다. 삶은 면은 찬물에 비벼가며 헹군 후 얼음물에 다시 한 번 헹궈 체에 밭쳐 물기를 뺀다.

4 면을 그릇에 담고 ①의 육수를 부은 뒤 볶은 애호박과 당근, 대파, 참기름, 김가루, 깨소금을 올려 낸다.

어묵꼬치탕

추운 겨울 온 가족이 따뜻하게 즐기기 좋은 어묵꼬치탕입니다.

육수를 내기 번거롭다면 미자언니네 맛육수와 같은

시판 육수를 이용해 끓여도 좋습니다.

매운 것을 좋아한다면 육수를 낼 때 청양고추를 3개 정도 넣고

우동 사리를 넣으면 한 끼 식사로도 손색이 없답니다.

기본 재료

모둠 어묵 200g

곤약 100g

삶은 달걀 2개

꼬치 4~5개

육수 재료

다시마물 1ℓ

맛육수(또는 참치액) 2큰술

소금 약간

※ 다시마물 만드는 법은 22p를 참고하세요.

만드는 법

1 어묵을 먹기 좋은 크기로 자른다.

2 어묵과 곤약을 취향에 맞게 꼬치에 끼운다.

3 다시마물에 분량의 재료를 넣어 육수를 만든 후 어묵과 곤약을 넣고 어묵이 말랑해질 때까지 끓인다.

4 ③에 삶은 달걀을 넣고 한소끔 끓인 후 취향에 따라 청양고추를 더한다.

온기 담은 명절 식탁

설과 추석처럼 특별한 날 가족이 함께 음식을 준비하고 나누는 과정은 조상을 기리고 공동체 의식을 강화하는 동시에 어린 시절의 추억과 향수를 떠올리게 하지요. 여기에 조금의 아이디어를 더해 탄생한 퓨전 명절 메뉴는 전통적인 맛과 현대적인 감각을 동시에 담아 새롭고 색다른 명절 식탁을 완성합니다. 잣떡국과 삼각깻잎전, 소불고기잡채, 대추고갈비찜처럼 기본을 지킨 전통 요리부터 미역해물냉채, 부추주꾸미장, 미자언니네 관자전처럼 신선한 해산물과 건강 재료를 활용한 메뉴 그리고 물만두나 대추고차처럼 간단하면서도 근사한 사이드 메뉴까지 곁들이면 집에서도 손쉽게 풍성하고 다채로운 명절 한 상을 즐길 수 있습니다.

물만두

담백한 돼지고기와 아삭한 양배추, 향긋한 부추를 듬뿍 넣어 빚은 물만두입니다.

삶아내면 만두피가 물결처럼 매끈하게 잡히며 입안에서 부드럽게 풀리는 것이 특징이에요.

특히 양배추는 미리 볶아 수분을 줄여 만두소가 흐물거리지 않도록 하고,

청양고추를 더해 칼칼한 맛을 더하면 한층 풍성한 풍미를 즐길 수 있습니다.

기본 재료

다진 돼지고기 · 양배추 300g씩

부추 200g, 청양고추 2개

시판 만두피 적당량

돼지고기 양념 재료

맛간장 ½큰술

다진 마늘 · 생강즙 1작은술씩

소금 ¾작은술

맛술 · 후춧가루 ⅓작은술씩

참기름 1작은술

양념간장 재료

간장 2큰술, 식초 · 물 1큰술씩, 설탕 ½큰술

만드는 법

1 돼지고기는 식감이 살아 있도록 굵게 다진다.

2 양배추는 가늘게 채 썰고, 부추는 1㎝ 길이로 썬다. 청양고추는 잘게 다진다.

3 기름을 두르지 않은 달군 팬에 양배추를 넣고 약 3분간 볶은 뒤 완전히 식힌다.

4 볼에 돼지고기와 분량의 양념을 넣고 고루 섞는다.

5 양념한 돼지고기에 식힌 양배추, 부추, 청양고추를 넣고 고루 섞어 만두소를 만든다.

6 만두피에 소를 적당히 넣고 가장자리를 꾹 눌러 모양을 잡는다.

7 끓는 물에 만두를 넣고 물이 다시 끓기 시작하면 5분 정도 더 삶는다. 체로 건져 물기를 뺀다.

8 삶은 만두를 접시에 담고 분량의 재료로 만든 양념간장을 곁들여 낸다.

잣떡국

맑고 담백한 국물에 고소한 잣국물을 더한 잣떡국은 부드러운 풍미로

남녀노소 누구나 부담 없이 즐기기 좋은 메뉴입니다.

밑간한 소고기 육수에 곱게 간 잣이 어우러지며

깊은 감칠맛과 부드러운 질감이 조화롭게 완성되지요.

단정한 맛과 은은한 향 덕분에 명절 상차림은 물론 손님 초대 요리로도 손색이 없습니다.

다만 잣은 센 불에 오래 끓이면 향이 옅어지고 입자가 뭉칠 수 있어

마지막에 넣어 한소끔만 끓이도록 합니다.

기본 재료 (2인분)

떡국떡 400g, 소고기(등심) 100g, 달걀 2개, 김가루 · 후춧가루 약간씩

소고기 양념 재료

꽃게액젓(또는 맑은 액젓) · 맛육수(또는 참치액) ¼큰술씩, 참기름 1큰술

잣국물 재료

생수 1컵, 잣 3큰술

국물 재료

생수 2컵, 다진 마늘 1큰술

꽃게액젓(또는 맑은 액젓) 1큰술, 맛육수(또는 참치액) ½큰술

만드는 법

1 떡국떡은 찬물에 5~10분 정도 불린 뒤 체에 밭쳐 물기를 뺀다.

2 소고기는 먹기 좋은 크기로 썰어 분량의 양념에 버무려 재운다.

3 달걀은 흰자와 노른자를 나눠 지단을 부친 뒤 식혀 마름모 모양으로 썬다.

4 믹서에 생수 1컵과 잣 3큰술을 넣어 곱게 갈아 잣국물을 만든다.

5 냄비에 국물 재료와 양념한 소고기를 넣고 10분간 끓인다.

6 ⑤에 불린 떡을 넣어 끓기 시작하면 ④의 잣국물을 부어 한소끔 더 끓인다.

7 그릇에 담고 달걀지단과 김가루를 올린 뒤 기호에 따라 후춧가루를 더한다.

삼각깻잎전

손은 좀 더 가지만 소를 삼각형으로 만들어

깻잎으로 감싸 맛도 좋고 모양도 예쁜 삼각깻잎전입니다.

소를 만들 때 들어가는 두부는 면보를 이용해 물기를 꼭 짠 다음 넣어야

소에 물기가 생기지 않고 모양도 예쁘게 빚을 수 있습니다.

기본 재료

깻잎 30장, 달걀 3개

밀가루·식용유 적당량씩, 홍고추 약간

소 재료

다진 차돌박이·간 소고기·두부·다진 양파 100g씩

다진 청양고추 1개 분량

양념 재료

간장 3큰술, 배즙 2큰술

청주·설탕·다진 파·꿀·참기름 1큰술씩

다진 마늘 1작은술, 후춧가루 약간

만드는 법

1 두부는 면보로 감싸 꼭 짜서 물기를 뺀다.

2 다진 차돌박이와 간 소고기에 분량의 재료를 섞어 만든 양념을 넣고 볶은 후 체에 밭쳐 기름을 제거한다.

3 볼에 ①의 두부와 ②의 고기, 다진 양파와 청양고추를 넣고 고루 치댄다.

4 깻잎은 씻어 물기를 털고 밀가루를 앞뒤로 묻힌다. 여기에 깻잎소를 먹기 좋은 크기의
　삼각형으로 빚어 올린 다음 삼각형으로 접는다.

5 볼에 달걀을 곱게 풀고 ④의 깻잎전을 넣어 달걀물을 입힌다.

6 달군 팬에 식용유를 넉넉히 두르고 삼각 깻잎전을 올린 뒤 동그랗게 썬 홍고추를 올려 앞뒤로 노릇하게 지진다.

소불고기잡채

흔한 음식이지만 명절에 잡채가 빠지면 서운하죠.

소불고기잡채는 소고기를 듬뿍 넣고 오이를 넣어 느끼한 맛을 잡았습니다.

당면 삶는 물에 양념을 넣으면 당면에 간이 뱰뿐더러 시간이 지나도 붇지 않아

훨씬 맛있게 즐길 수 있습니다.

기본 재료

당면 250g, 소고기(잡채용) 150g, 불린 목이버섯 10g

취청오이 1개, 빨간·노란색 파프리카·양파 ⅓개씩

참기름·통깨 1큰술씩, 후춧가루·식용유 약간씩

소고기 양념장 재료

간장 2큰술, 만능즙·다진 마늘 ½큰술씩, 참기름 1작은술, 후춧가루 약간

당면 삶는 물 재료

물 5컵, 간장 ½컵, 설탕 ¼컵, 식용유 4큰술

당면 양념 재료

간장·맛술·설탕·참기름 3큰술씩

※ 만능즙 만드는 법은 20p를 참고하세요.

만드는 법

1 불린 목이버섯과 취청오이, 파프리카, 양파는 각각 손질해서 5㎝ 길이, 0.4㎝ 두께로 채 썬다.

2 소고기는 가늘게 채 썰어 볼에 담고 분량의 소고기 양념장을 넣어 고루 섞고 재운다.

3 팬을 달궈 식용유를 약간 두르고 ①의 채소 모두 각각 살짝 볶는다.

4 냄비에 당면 삶는 물을 붓고 끓으면 당면을 넣고 4분 정도 끓인 뒤 체에 밭쳐 잠시 둔다.

5 달군 팬에 식용유를 두른 뒤 삶은 당면을 넣고 당면 양념 재료를 넣어 섞어가며 볶는다.

6 당면이 익으면 불을 끄고 한 김 식히고 볶은 채소와 소고기를 넣고 고루 섞은 뒤

　참기름, 통깨, 후춧가루를 넣고 다시 한번 섞는다

미역해물냉채

기름진 음식이 많은 명절, 새콤달콤하면서도 아삭하게 씹히는
식감이 좋은 미역해물냉채를 상에 올려보세요.
생미역을 비롯해 갈래곰보, 고장초 등 해초류를 이용하면 더욱 맛있습니다.
채 썬 비트뿐만 아니라 오이, 부추와 같은 채소를 곁들여도 좋고,
낙지와 굴 같은 해산물을 함께 내면 별미랍니다.

기본 재료

낙지 200g, 불린 미역 · 비트 100g씩
밀가루 · 소금 약간씩
얼음물 적당량

냉채 소스 재료

간장 · 설탕 · 식초 3큰술씩
맛술 · 참기름 · 통깨 1큰술씩
소금 1작은술
청고추 · 홍고추 1개씩
송송 썬 쪽파 2큰술

만드는 법

1 마른 미역을 물에 불려 소금을 약간 넣은 끓는 물에 살짝 데쳐 찬물에 헹군 뒤 4㎝ 길이로 썬다.

2 낙지는 밀가루를 뿌려 바락바락 문질러 씻은 다음 끓는 물에 소금을 약간 넣고 살짝 데쳐
   얼음물에 담갔다가 4㎝ 길이로 썬다.

3 비트는 가늘게 채를 쳐서 찬물에 잠시 담갔다가 빨간 물이 빠지지 않을 때까지 찬물로 씻은 뒤 체에 밭친다.

4 분량의 재료를 섞어 냉채 소스를 만든다.

5 접시에 미역, 낙지, 비트 순으로 보기 좋게 담은 뒤 낙지에만 소스를 뿌리고 남은 소스는 종지에 담아 곁들인다.

부추주꾸미장

명절이지만 밑반찬이 없으면 뭔가 아쉽잖아요.

부추주꾸미장은 밥반찬으로도, 술안주로도 좋은 메뉴입니다.

간 생강과 청주를 1:1 비율로 섞어 생강을 가라앉힌 뒤 사용하는 생강술은

주꾸미 삶을 때 넣으면 주꾸미의 비린 맛을 잡아줍니다.

만능해물간장 소스는 넉넉하게 만들어두고 전복장이나 해물장 만들 때도 사용해 보세요.

기본 재료

주꾸미 5마리, 밀가루 ½컵

부추 50g, 홍고추 1개, 생강술 약간

만능해물간장 소스 재료

간장 1컵, 설탕 ¾컵, 물엿 ½컵

청주 ¼컵, 물 2컵, 알마늘 4쪽

생강 ½톨, 통후추 ½큰술

깻잎 10장, 어슷 썬 청양고추 2개 분량

사과 · 레몬 ¼개씩

※ 생강술 만드는 법은 18p를 참고하세요.

만드는 법

1 주꾸미는 볼에 담고 밀가루를 뿌려 바락바락 주물러 씻은 뒤 끓는 물에 생강술을 넣고 살짝 데쳐 건진다.

2 만능해물간장 소스를 만든다. 냄비에 사과와 레몬을 제외한 모든 재료를 넣고 끓이다가 끓어오르면
　5분 정도 더 끓인 뒤 불을 끄고 사과와 레몬을 넣어 반나절 숙성시킨다.
　체에 밭쳐 국물을 받아 병에 담고 냉장 보관하면 3개월 정도 사용할 수 있다.

3 부추는 씻어 똬리를 지어놓고 홍고추는 얇게 어슷썰어 씨를 털고 씻는다.

4 밀폐용기에 주꾸미와 부추, 홍고추를 넣고 만능해물간장 소스를 부어 3~4시간 지나면 상에 낸다.

대추고차

대추를 푹 삶아 체에 내려 졸여 만든 대추고는

잣과 말린 대추를 띄워 떠먹으면 디저트로도 좋습니다.

또 갈비찜을 만들 때 양념에 넣어 사용하면

은은한 단맛과 대추의 향이 어우러져

한층 고급스러운 맛을 낼 수 있어요.

기본 재료

대추 500g

물 3컵

설탕·꿀 1컵씩

고명 재료

대추채 2큰술

잣 1큰술

시나몬 가루 ¼작은술

만드는 법

1 대추는 깨끗이 씻어 물을 붓고 센 불에서 끓이다가 끓기 시작하면 중불로 줄여
   바닥에 물이 자작해질 때까지 끓인다.

2 ①의 통통하게 불은 대추를 굵은 체에 손으로 으깨어 과육만 받는다.

3 냄비에 대추 과육과 설탕, 꿀을 넣고 중약불에서 설탕이 다 녹고 농도가 나도록 뭉근하게 조린다.

4 고명용 대추는 씨를 제거한 후 채 썰어 키친타월을 깐 접시에 올려
   전자레인지에 1분 정도 돌려 바삭하게 만든다.

5 물 150㎖에 대추고 3큰술을 넣고 섞은 뒤 대추채와 잣, 시나몬 가루를 넣어 먹는다.

대추고 갈비찜

명절 상차림은 물론 특별한 날의 테이블에도 자신 있게 올릴 수 있는
미자언니네의 시그니처 메뉴입니다. 대추의 깊은 풍미를 머금은 갈비찜은 한입 베어 물면
결이 스르르 풀릴 만큼 부드러운 식감이 일품으로,
이 부드러움의 비밀은 바로 하루를 온전히 들이는 숙성 과정에 있습니다.

기본 재료

소갈비 1.2kg, 말린 무 300g, 수삼 1뿌리

소갈비 데침물 재료

물 10컵, 통마늘 8쪽, 대파 1대, 청주 1큰술

양념 재료

소갈비 데침물 8컵, 배즙 · 대추고 1컵씩, 간 파인애플(동그랗게 썬 파인애플 1조각) 100g

맛간장 8큰술, 양파즙 6큰술, 맛육수(또는 참치액) · 설탕 2큰술씩, 꽃게액젓(또는 맑은 액젓) ½큰술

다진 마늘 · 통후추 1큰술씩, 다진 대파(흰 부분) ⅛대, 말린 베트남고추 10개

마무리 양념 재료

꿀 · 참기름 · 후춧가루 적당량씩

※ 대추고 만드는 법은 254p, 맛간장 만드는 법은 24p를 참고하세요.

만드는 법

1 갈비는 반나절 이상 찬물에 담가두고 중간에 물을 여러 번 갈아 핏물을 충분히 뺀다.

2 냄비에 갈비와 데침물 재료를 함께 넣고 끓인다. 끓기 시작하면 10분 정도 더 끓인 뒤 불을 끄고 그대로 식힌다.

3 갈비를 건져두고 남은 데침물은 면보에 곱게 거른다. 이때 통마늘은 갈비와 함께 따로 보관한다.

4 냄비에 ③의 갈비와 통마늘, 양념 재료를 넣은 뒤 강한 불에서 끓으면 중간 불로 줄여 40분 정도 졸인다.

5 약불로 줄이고 20분 더 졸인 뒤 불을 끄고 뚜껑을 덮어 그대로 식힌다. 식으면 냄비째 냉장고에 넣어 하루 정도 숙성한다.

6 충분히 식히고 굳은 하얀 기름은 말끔하게 걷어낸다.

7 기름을 제거한 갈비에 ③에서 거른 육수 1컵과 말린 무, 수삼을 넣고 약불에서 은근하게 끓인다. 갈비 조직이 완전히
　부드러워지면 꿀과 참기름, 후춧가루를 취향에 맞게 넣어 마무리하고 그릇에 담는다.

미자 언니네
관자전

비싸고 맛있는 식재료지만 막상 구입해도 뭘 만들어야 할지 막연한 식재료가

바로 관자인 것 같습니다. 명절에 늘 하던 동그랑땡 대신 관자전을 만들어 보세요.

담백한 관자 위에 양념한 볶은 소고기와 매콤한 채소볶음을 올려

햄버거처럼 먹으면 명절에 색다른 별미가 될 것입니다.

기본 재료

관자(큰 것) 3개, 새송이버섯 1개

죽순 통조림 1통, 소고기 50g, 녹말가루 2큰술

청고추·홍고추 1개씩, 참기름 약간, 식용유 적당량

관자 밑간 재료

만능즙 1큰술, 소금·후춧가루 약간씩

소고기 재움장 재료

맛간장·만능즙 ½작은술씩

참기름 ⅓작은술, 후춧가루 ⅓작은술

※ 만능즙 만드는 법은 20p, 맛간장 만드는 법은 24p를 참고하세요.

만드는 법

1 관자를 도마에 올리고 손으로 고정한 상태에서 펼칠 수 있도록 옆면 중간에 칼집을 ⅔ 지점까지 깊게 넣는다.

2 ①의 관자를 펼친 후 만능즙과 소금, 후춧가루로 밑간한다.

3 분량의 재료를 섞어 만든 재움장에 소고기를 넣고 20분 정도 재운다.

4 새송이버섯과 죽순, 홍고추, 청고추는 5㎝ 길이로 채 썬다.

5 참기름을 두른 팬에 소고기를 앞뒤로 구운 후 5㎝ 길이로 채 썬다.

6 채 썬 홍고추, 청고추는 식용유를 살짝 두른 팬에 각각 살짝 볶는다.

7 ②의 관자에 녹말가루를 앞뒤로 묻힌 후 달군 팬에 넉넉하게 식용유를 두르고 중불 혹은 강불에서 튀기듯 지진다.

8 관자의 절단면 사이로 볶은 소고기, 채 썬 새송이와 죽순, 볶은 청·홍고추를 넣고 햄버거 만들듯

　꼭 오므린 다음 식용유에 살짝 튀겨 낸다.

집에서 지인을 초대할 때나 특별한 날, 한 상 가득 차려진 초대 요리와 일품요리는 식탁을 풍성하게 만드는 중심이 됩니다. 소고기전복조림, 구운대파소고기찹쌀양념구이, 우엉떡갈비, 맛간장수육처럼 근사한 일품요리는 눈과 입을 동시에 만족시키며 단호박샐러드, 흑임자연근샐러드, 포두부채소말이처럼 건강과 맛을 살린 메뉴는 간편하면서도 균형 잡힌 한 끼를 완성합니다. 부추해물전, 치즈김치전, 묵은지두부유부주머니처럼 전통과 현대적 변주를 담은 메뉴, 김 페스토청포묵, 서울식 마파두부처럼 색다른 퓨전 요리까지 더하면 집에서도 풍성하고 근사한 식탁을 손쉽게 완성할 수 있습니다.

두부장케일쌈밥

두부장을 곁들인 케일쌈밥은 비건 식단으로도 손색없는 균형 잡힌 한 끼입니다.

케일의 선명한 초록으로 감싼 주먹밥은 시각적으로도 싱그럽고 영양가도 높습니다.

두부와 된장, 채소를 곱게 어우러지게 졸인 두부장은 쌈밥은 물론 보리밥과 비벼 먹어도

잘 어우러져요. 케일은 데친 즉시 찬물에 식혀야 깨끗한 초록빛이 유지되고

잎의 탄력과 식감이 더욱 살아납니다.

기본 재료 (1인분)

밥 1공기, 케일잎 10장, 다진 홍고추 · 소금 · 참기름 · 통깨 약간씩

두부장 재료

두부 ½모, 참기름 1큰술, 다진 마늘 ½작은술, 양파 ¼개, 된장 2큰술, 고춧가루 ½큰술

물 ½컵, 올리고당 ½큰술, 맛육수(또는 참치액) ½작은술

만드는 법

1 두부는 키친타월로 감싸 10분간 눌러 물기를 제거한 뒤 포슬하게 으깬다.

2 팬에 참기름을 두르고 다진 마늘과 잘게 다진 양파를 넣고 중약불에 천천히 볶아 향을 낸다.

  양파가 반투명해지면 된장과 고춧가루를 넣어 타지 않게 약불에서 볶아 장의 풍미를 낸다.

3 ②에 으깬 두부와 물, 올리고당, 맛육수를 넣고 약불로 3~4분 농도 있게 졸여 걸쭉하게 만든다.

4 끓는 물에 소금을 약간 넣고 케일을 10~15초만 살짝 데쳐 찬물에 담가 색을 고정한다.

  물기를 꼭 짠 뒤 질긴 줄기 끝을 정리한다.

5 따뜻한 밥에 소금과 참기름, 통깨를 넣어 가볍게 섞는다. 한입 크기로 둥글려 모양을 잡는다.

6 케일 잎에 성형한 밥을 올려 잎의 결을 따라 접어 단단히 감싼다.

7 케일쌈밥을 접시에 두부장을 담고 그 위에 케일쌈밥을 올린다. 다진 홍고추를 고명처럼 올린 뒤 찍어 먹거나,

  한 숟가락씩 올려 먹는다.

부추해물전

향긋한 부추에 오징어와 새우의 풍미가 더해진 부추해물전은 겉은 바삭하고
속은 부드러우며, 오징어와 새우의 쫄깃한 식감이 어우러져 입맛을 한껏 돋워주지요.
반죽은 너무 되지 않게 해야 겉은 바삭하고 속은 촉촉하게 익습니다.
해물은 미리 키친타월로 물기를 제거해야 기름이 튀지 않고 전이 눅지 않아요.
오징어와 새우는 마지막에 올려야 질겨지지 않고 홍고추 역시 반죽에 섞지 말고
마지막에 올려야 색감이 선명하고 매운 향이 은은하게 퍼집니다.

기본 재료

부추 · 오징어 · 새우 100g씩
양파 ½개
청양고추 1개
홍고추 ¼개
식용류 적당량

반죽 재료

부침가루 ½컵
튀김가루 ⅓컵
생수 1컵
소금 ⅓작은술

만드는 법

1 부추는 깨끗이 씻어 물기를 제거한 뒤 5㎝ 길이로 자른다.
2 오징어와 새우는 깨끗이 손질해 물기를 제거한 뒤 한입 크기로 썬다.
3 양파는 곱게 채 썰고, 청양고추와 홍고추는 얇게 송송 썬다.
4 볼에 반죽 재료를 모두 넣고 멍울이 없도록 곱게 푼 뒤 부추 · 양파 · 청양고추를 넣어 고루 섞는다.
5 달군 팬에 식용유를 넉넉히 두르고 반죽을 적당량 올린다.
6 가운데에 오징어와 새우, 홍고추를 고루 얹어 앞뒤로 노릇하게 굽는다.

치즈김치전

전통 김치전에 서양식 치즈를 더해 감칠맛과 풍미를 높인 퓨전 요리입니다.
매콤하고 바삭한 김치전에 치즈의 고소함과 쫄깃한 식감이 더해져 한입만 먹어도
별미로 느껴지죠. 전에는 신김치를 사용해야 깊은 감칠맛이 살아나고 치즈와도
조화롭게 어우러집니다. 모차렐라치즈는 가운데에 올려야 겉은 바삭하고
속은 쭉 늘어나는 식감이 제대로 살아납니다.

기본 재료

신김치 200g

양파 ½개

모차렐라치즈 100g

식용유 적당량

김치 양념 재료

설탕·참기름 1작은술씩

후춧가루 약간

반죽 재료

부침가루 ⅔컵, 튀김가루 ½컵

고춧가루 ⅔큰술, 설탕 ½큰술

생수 1컵

만드는 법

1 김치는 속 양념을 털어내고 3~4㎝ 길이로 썬 뒤 양념을 넣어 밑간한다.

2 양파는 곱게 채 썬다.

3 볼에 반죽 재료를 넣고 곱게 풀어준 뒤 밑간한 김치와 채 썬 양파를 넣어 고루 섞는다.

4 달군 팬에 식용유를 넉넉히 두르고 반죽을 적당히 올려 얇게 편다.

5 가운데에 모차렐라치즈를 올리고 앞뒤로 노릇하게 구워낸다.

단호박샐러드

달콤한 단호박을 부드럽게 으깨 아몬드와 크랜베리를 더해
고소하고 상큼하게 즐길 수 있는 샐러드입니다.
마요네즈와 머스터드소스가 단호박의 달콤함을 살리고,
아몬드 슬라이스의 바삭함과 크랜베리의 상큼함이 어우러져
식감과 맛이 풍부합니다.
간단하게 만들 수 있고, 도시락 반찬이나 파티 메뉴로도 잘 어울립니다.
아몬드는 살짝 구워 넣으면 고소함이 배가됩니다.

기본 재료

단호박 ½개
아몬드 슬라이스·말린 크랜베리 2큰술씩
소금 약간
설탕 1큰술
마요네즈 4큰술
머스터드소스·우유 1큰술씩

만드는 법

1 단호박은 4등분한 뒤 껍질을 까고 속을 파내, 전자레인지에 15분 정도 쪄서 껍질을 벗겨내고 부드럽게 으깬다.
2 아몬드 슬라이스는 에어프라이어에 넣어 2분 정도 바삭하게 굽는다.
3 으깬 단호박에 설탕, 소금, 마요네즈, 머스터드소스, 우유를 넣고 고루 섞는다.
4 단호박 혼합물에 아몬드 슬라이스와 크랜베리를 넣고 골고루 버무린다.

떡
갈
비
육
포

떡갈비의 달짝지근한 풍미와 고소함을 그대로 살리면서

바삭한 식감까지 더한 고단백 간식입니다.

남녀노소 누구나 좋아할 순한 양념에 에어프라이어만 있으면

손쉽게 완성할 수 있어 부담 없이 만들기 좋아요.

은은한 단맛 덕분에 간식으로도, 와인과 함께하는 간단한 안주로도 잘 어울립니다.

특히 떡갈비육포는 고기를 고루 얇게 펼칠수록

더욱 바삭하고 균일한 식감이 살아납니다.

기본 재료

다진 소고기 400g

양념 재료

설탕 3큰술

맛간장·맛술 2큰술씩

다진 마늘·참기름 1큰술씩

후춧가루 ½작은술

생강즙 ⅓작은술

※ 맛간장 만드는 법은 24p를 참고하세요.

만드는 법

1 다진 소고기는 키친타월로 꾹 눌러 핏물을 제거한다.

2 모든 양념 재료를 넣어 고루 섞은 뒤 30분간 냉장 숙성한다.

3 도마에 종이호일을 깔고 고기를 올린 뒤 다시 종이호일을 덮어 두께 0.2㎝로 얇고 균일하게 민다.

4 200℃로 예열한 에어프라이어에 넣고 8분간 굽는다.

5 고기를 뒤집어 5분 더 구워 바삭하게 완성한다.

6 완전히 식힌 뒤 밀폐용기에 담아 냉장 보관한다.

김페스토 청포묵

담백한 청포묵에 고소한 들기름 향과 바삭한 김의 풍미를 한데 모은
김페스토를 곁들여 완성한 한 접시입니다. 김을 살짝 볶아 들기름 향을 입히고
쯔유로 감칠맛을 더하면 부드러운 묵과 대비되는 바다 향이 더해져
한층 깊고 풍부한 맛을 즐길 수 있습니다.
갓 갈아낸 뜨거운 김페스토는 다소 묽게 흐르지만 식히면 되직하고 고소해지므로
반드시 완전히 식힌 뒤 청포묵을 올려주세요.

기본 재료

청포묵 200g

김페스토 재료

구운 김 30g

들기름 · 물 ½컵씩

쯔유 3큰술

다진 청고추 · 홍고추 2큰술씩

만드는 법

1 청포묵은 한입 크기로 썬다.

2 구운 김을 위생팩에 넣고 잘게 부순다.

3 달군 팬에 들기름을 두르고 부순 김을 넣어 살짝 볶은 뒤 물과 쯔유를 넣어
   국물이 절반 정도로 졸아들면 불을 끈다.

4 믹서에 볶은 ③의 김을 넣고 곱게 간 뒤 완전히 식힌다.

5 식힌 김페스토에 다진 청고추와 홍고추를 넣어 섞는다.

6 접시에 김페스토를 넓게 펼치고 그 위에 청포묵을 보기 좋게 올린다.

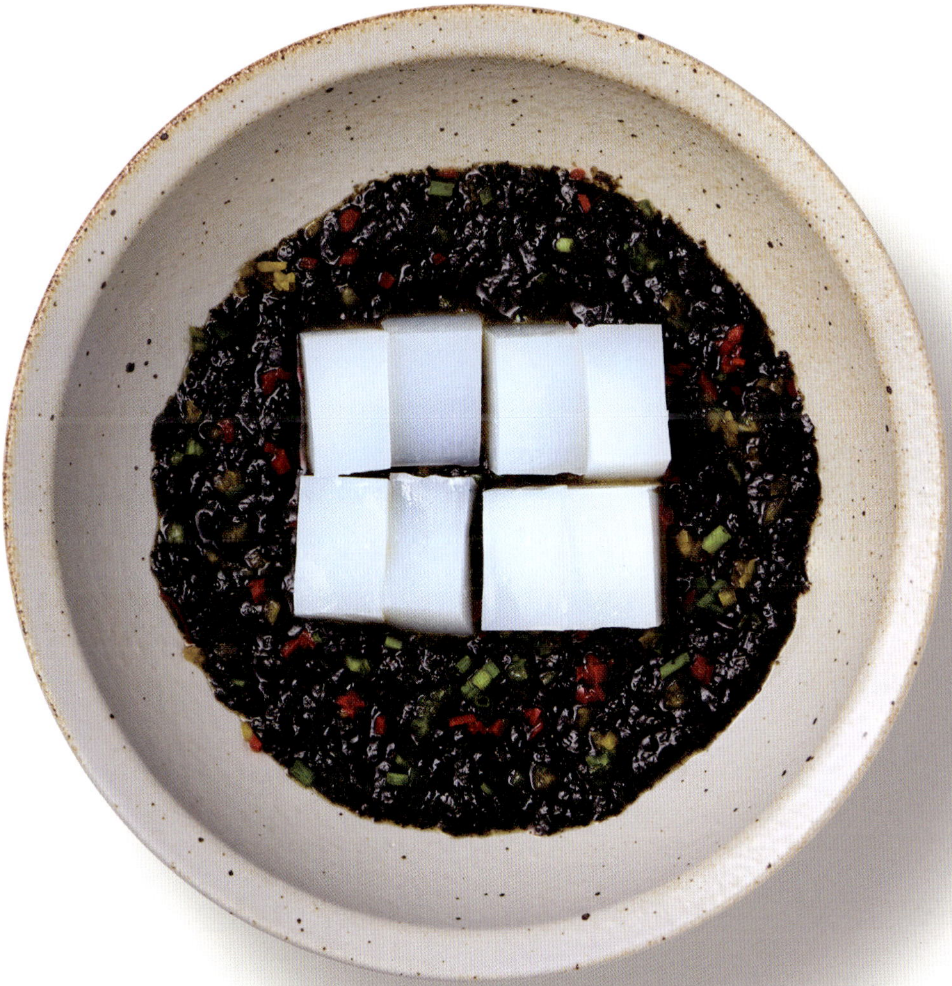

새우냉채

탱글한 새우와 아삭한 오이, 배의 달콤한 맛이 어우러진 새우냉채는
새콤달콤한 겨자마요 소스가 입맛을 돋워 별미로 즐기기 좋습니다.
특히 마요네즈에 겨자를 더해 부드러우면서도 느끼하지 않은 맛이 특징입니다.
냉장고에 잠시 두었다가 시원하게 내면 샐러드처럼 산뜻하게 즐길 수 있습니다.

기본 재료

칵테일새우 10마리

청오이 · 배 1개씩

오이 절임 재료

설탕 · 식초 1큰술씩

소금 ⅓작은술

냉채 소스 재료

마요네즈 1½큰술

설탕 · 식초 1큰술씩

연겨자 1작은술

소금 ¼작은술

다진 구운 아몬드 1½큰술

만드는 법

1 칵테일새우는 데쳐 길이로 반 가른다.

2 청오이는 0.3㎝ 두께로 동그란 단면 그대로 슬라이스한다. 설탕, 식초, 소금을 넣어 30분 정도 절인 뒤
   물기를 꼭 짜서 준비한다.

3 배는 껍질을 제거하고 한입 크기로 썬다.

4 분량의 재료를 섞어 소스를 만든다.

5 먹기 직전 손질한 새우와 청오이, 배에 ④의 냉채 소스를 넣고 버무려 낸다.

흑임자 연근 샐러드

아삭한 연근에 고소한 흑임자 드레싱을 더한 샐러드.

담백하면서도 은은한 단맛이 어우러져 입안이 깔끔해지는 건강한 반찬입니다.

연근을 데칠 때 식초를 조금 넣으면

색이 변하지 않고 식감도 아삭하게 유지됩니다.

기본 재료

연근 250g

식초 ½작은술

흑임자 소스 재료

검정깨가루 4큰술

설탕 1½큰술

검정깨 · 식초 · 레몬주스 1큰술씩

소금 ½작은술

만드는 법

1 연근은 필러로 껍질을 벗긴 뒤 0.3~0.5㎝ 두께로 동그란 단면 그대로 얇게 슬라이스한다.

2 끓는 물에 식초와 슬라이스한 연근을 넣고 3~4분 정도 데친 뒤 찬물에 헹궈 체에 밭쳐 물기를 제거한다.

3 볼에 분량의 소스 재료를 넣고 잘 섞어 흑임자 소스를 만든다.

4 물기를 뺀 ②의 연근에 소스를 넣고 골고루 버무린 뒤 접시에 보기 좋게 담는다.

문어샐러드

쫄깃한 문어에 상큼한 레몬드레싱과 바삭한 마늘칩을 곁들인 샐러드입니다.

입안이 깔끔하게 정리되는 산뜻한 한 접시로 전채요리나 와인 안주로 손색이 없습니다.

문어는 데친 뒤 바로 냉장 보관해야 질겨지지 않습니다.

또 드레싱은 미리 만들어 차게 식히면 맛이 더 부드럽고 상큼해집니다.

취향에 따라 방울토마토나 블랙올리브 등을 곁들이면 색감이 살고 풍미를 더할 수 있습니다.

기본 재료

자숙문어 200~300g

양파 ¼개

양상추 ¼통

마늘 5쪽

올리브유 1큰술

소스 재료

화이트와인식초 · 설탕 2큰술씩

올리브유 · 레몬즙 1큰술씩

연겨자 1작은술

소금 ¼작은술

후춧가루 약간

만드는 법

1 자숙문어는 뜨거운 물에 살짝 데친 뒤 물기를 제거하고 0.5㎝ 두께로 어슷썰어 냉장실에 넣어 차게 식힌다.

2 볼에 분량의 소스 재료를 넣고 잘 저어 샐러드 소스를 만든 뒤 냉장 보관한다.

3 양파는 얇게 채 썰어 찬물에 5분 정도 담갔다가 체에 밭쳐 물기를 제거하고, 양상추는 한입 크기로 뜯어 놓는다.

4 마늘은 0.3㎝ 두께로 편 썰어, 달군 팬에 올리브유를 두르고 앞뒤로 노릇하게 구워 바삭한 마늘칩을 만든다.

5 접시에 양상추와 양파, 문어를 순서대로 담고 ②의 소스를 고루 뿌린 뒤 ④의 바삭한 마늘칩을 올려 마무리한다.

쯔유들기름
연두부오이냉채

부드러운 연두부 위에 아삭하게 절인 오이와 고소한 들기름 향이 어우러지는

쯔유들기름연두부오이냉채는 입안 가득 시원하고 산뜻한 감칠맛이 퍼지는 별미 반찬이에요.

기름기 없이 가볍게 즐길 수 있어 더운 날씨나 입맛이 없을 때

특히 잘 어울립니다.

기본 재료

연두부 1팩

취청오이 1개

맛살 30g

다진 홍고추 · 다진 청고추 ½큰술씩

통들깨 ⅓큰술

들기름 1큰술

오이 절임 재료

식초 · 설탕 1큰술씩, 소금 ½작은술

소스 재료

쯔유 2큰술, 생수 1큰술

만드는 법

1 취청오이는 깨끗이 씻어 껍질째 0.3㎝ 두께로 동그랗게 썬다.

2 오이에 절임 재료를 넣어 20분간 절인 뒤 손으로 물기를 꼭 짠다.

3 맛살은 결대로 가늘게 찢는다.

4 볼에 쯔유와 생수를 섞어 소스를 만든다.

5 그릇에 물기를 뺀 연두부를 담고, 절인 오이와 맛살을 보기 좋게 올린다.

6 ⑤에 소스를 고루 끼얹고 다진 홍고추 · 청고추, 통들깨, 들기름을 뿌려 마무리한다.

포두부채소말이

쫄깃한 포두부 속에 아삭한 채소와 향긋한 깻잎을 돌돌 말아낸 포두부채소말이는
상큼함과 고소함이 조화로운 건강한 한입 요리입니다.
밀가루 대신 두부로 만든 포두부를 사용해 탄수화물은 줄이고 단백질은 높였으며,
겨자 소스의 산뜻한 매운맛이 입맛을 돋웁니다.

기본 재료

포두부 60g(2장)

맛살 1줄

파프리카(빨강 · 노랑) 60g

취청오이 ½개

깻잎 4~5장

겨자 소스 재료

간장 2큰술

설탕 · 식초 · 생수 1큰술씩

연겨자 ¼작은술

만드는 법

1 맛살은 길게 반으로 가른다.

2 파프리카는 씨를 제거하고 1.5㎝ 폭으로 길게 썰고, 취청오이는 길게 반 갈라 씨를 제거한 뒤
   파프리카와 비슷한 크기로 자른다.

3 포두부 한 장을 펼치고 깻잎을 올린 뒤 오이 1개, 맛살 1개, 파프리카는 색깔별로 2개씩 올려
   빈틈 없이 단단히 말고 먹기 좋은 크기로 썬다.

4 접시에 ③을 담고 분량의 재료를 섞어 만든 겨자 소스를 곁들여 낸다.

채소강정

가지강정에 당근과 꽈리고추를 더해
색감과 영양을 한층 끌어올린 채소강정입니다.
바삭하게 튀긴 채소에 매콤달콤한 강정 소스를 입혀 한입 베어 물면
기분 좋은 식감과 풍미가 어우러지죠.
고기 없이도 충분히 입안을 가득 채우는 존재감 덕분에 채식 메뉴로도,
식탁 위 포인트 요리로도 손색없습니다.

기본 재료

가지 2개
꽈리고추 6개
당근 ½개
녹말가루 · 쪽파 약간씩
식용유 적당량

양념 재료

간장 3큰술
설탕 2큰술
간장 · 생수 · 물엿 · 고추기름 1큰술씩
굴소스 ½작은술

만드는 법

1 가지와 꽈리고추는 꼭지를 제거하고 깨끗이 씻어 어슷하게 썬다. 당근도 같은 모양으로 썬다.

2 손질한 채소에 물을 가볍게 뿌려 수분을 입힌 뒤 녹말가루를 얇게 묻힌다.

3 달군 식용유에 채소를 한 번 튀겨 건져 한 김 식힌 뒤, 다시 한 번 튀겨 노릇해지면 건져 기름을 털어낸다.

4 팬에 양념 재료를 넣어 바글바글 끓기 시작하면 튀긴 채소를 넣어 가볍게 버무린다.

5 불을 끄고 송송 썬 쪽파를 뿌려 마무리한다.

서울식 마파두부

사천식의 강렬함을 덜어내고 한국식 고추장 베이스로 풀어낸 서울식 마파두부는

기분 좋은 감칠맛과 부드러운 순두부의 조화가 돋보입니다.

밥에 스며들어도 짜지 않아 한 순가락씩 떠먹을 때마다

재료 본연의 풍미가 은근히 살아나지요.

두부는 으깨지지 않도록 숭덩숭덩 큼직하게 썰어 넣고, 녹말물은 최소한으로 더해

걸쭉함보다 촉촉한 윤기가 감돌게 완성해 보세요.

기본 재료

순두부 1팩, 다진 돼지고기 100g, 양파 ½개, 대파(푸른 대) ½대, 청양고추 2개

홍고추 1개, 식용유 2큰술, 고추기름 · 청주 1½큰술씩, 다진 마늘 · 고춧가루 · 고추장 · 굴소스 1큰술씩

생수 2컵, 맛육수(또는 참치액) 2큰술, 후춧가루 약간, 참기름 ½작은술

녹말물 재료

녹말 · 생수 1큰술씩

만드는 법

1 양파는 1.5㎝ 크기로 깍둑 썰고, 대파는 1.5㎝ 두께로 송송 썬다.

2 팬에 식용유와 고추기름을 두르고 다진 돼지고기를 넣어 약불에서 볶는다.

  이어 청주와 다진 마늘, 양파를 넣어 향이 올라올 때까지 볶는다.

3 고춧가루, 고추장, 굴소스를 넣어 양념이 고루 스며들도록 볶은 뒤 생수를 붓고 한소끔 끓인다.

  맛육수로 간을 맞춘다.

4 순두부를 넣어 부서지지 않게 살살 섞고 다시 한소끔 끓으면 송송 썬 청양고추와 홍고추를 넣는다.

5 녹말과 물을 섞은 녹말물을 넣어 농도를 맞춘 뒤 대파를 넣고 가볍게 섞는다.

6 불을 끄고 후춧가루와 참기름을 더해 마무리한다.

알배추샐러드

과한 드레싱이나 복잡한 조리 없이 얇게 채 썬 알배추와 부추, 홍고추를
가벼운 액젓 베이스 소스에 버무려낸 산뜻한 샐러드입니다.
익숙한 한국 식재료로 완성했지만 맛의 결이 깔끔해
어떤 요리와도 자연스럽게 어우러지는 것이 장점이지요.
버무릴 때 힘을 주면 채소에서 수분이 생겨 흥건해질 수 있으니
소스를 입히듯 살살 코팅하고 서빙 직전에 무쳐
특유의 아삭함과 청량감을 살려주세요.

기본 재료

알배추 120g

영양부추 10g

홍고추 1개

소스 재료

맛술 2큰술

꽃게액젓(또는 맑은 액젓) · 식초 · 설탕 2작은술

다진 마늘 · 참기름 1작은술씩

검정깨 ½작은술

만드는 법

1 알배추는 깨끗이 씻어 물기를 가볍게 털어낸 뒤 가늘게 채 썬다.

2 영양부추는 2㎝ 길이로 자른다.

3 홍고추는 길게 갈라 씨를 제거하고 가늘게 채 썬다.

4 분량의 재료를 넣어 잘 섞어 소스를 완성한다.

5 볼에 알배추, 부추, 홍고추를 담고 ④의 소스를 부어 살살 버무린다.

묵은지두부
유부주머니

묵은지의 새콤 짭짤한 감칠맛과 두부의 고소하고 폭신한 질감,

파프리카가 더하는 산뜻한 색감과 은근한 단맛이 조화롭게 어우러진 메뉴입니다.

묵은지에 수분이 남아 있으면 속 재료가 질어지고 유부가 눅눅해지므로

물기를 충분히 짜내는 과정이 필수입니다.

또한 두부는 중약불에서 수분을 날려 보슬보슬한 질감이 될 때까지 볶아야

속이 뭉치지 않고 깔끔하게 완성됩니다.

기본 재료

묵은지 100g

두부 350g

다진 빨강·노랑 파프리카 1큰술씩

설탕 ½작은술, 소금 ⅛작은술

참기름·검정깨 1작은술씩

조미유부주머니 6~7장

묵은지 양념 재료

설탕·참기름 1작은술씩

후춧가루 약간

만드는 법

1 묵은지는 양념을 가볍게 털어낸 뒤 물에 헹궈 물기를 꼭 짠다. 잘게 썰어 묵은지 양념에 조물조물 버무린다.

2 두부는 체에 밭쳐 수분을 뺀 뒤 곱게 으깬다.

3 달군 팬에 으깬 두부를 넣고 중약불에서 보슬보슬한 질감이 될 때까지 볶아 수분을 충분히 날린다.

4 파프리카는 씨를 제거하고 식감이 느껴지도록 작게 다진다.

5 볼에 양념한 묵은지, 볶은 두부, 파프리카, 설탕, 소금, 참기름, 검정깨를 넣고 고루 섞어 소를 만든다.

6 유부주머니에 소를 빈틈없이 눌러 채워 완성한다.

단호박죽

단호박죽은 재료가 단순하지만, 정성스럽게 끓일수록 맛이 깊어지는 기본죽이에요.

과하지 않지만 편안하게 배를 채워주는, 일상 속에 두고 먹기 좋은 담백한 죽이기도 합니다.

단호박을 먼저 쪄서 수분을 날리면 단맛이 한층 살아나고, 한 번 끓어오른 뒤에는

불을 조금 낮춰 은근히 졸이듯 저어주면 특유의 고운 질감이 살아납니다.

기본 재료 (2인분)

단호박 ½통(400g)

생수 3컵

찹쌀가루 3큰술

설탕 1큰술

소금약간

구운 호박씨 · 구운 해바라기씨 약간씩

만드는 법

1 단호박은 껍질을 벗겨 속과 씨를 제거한 뒤 작게 자른다.

2 손질한 단호박을 김이 오른 찜기에 올려 15~20분 정도 쪄 부드럽게 익힌다.

3 찐 단호박은 믹서로 곱게 갈거나 으깬다.

4 냄비에 생수를 붓고 단호박을 넣어 끓인다.

5 ④가 끓기 시작하면 찹쌀가루를 넣고 저어가며 농도를 낸다.

6 ⑤가 끓기 시작하면 중간 불로 줄여 10분 더 끓인 뒤 설탕과 소금으로 간한다.

7 그릇에 담고 구운 호박씨와 해바라기씨를 고명으로 올린다.

고
구
려
맥
적

된장 소스에 돼지고기를 재워서 만드는 전통 음식인 맥적입니다.

돼지고기 목등심 특유의 냄새를 제거하고 싶다면 굽기 전에 생강술을 약간 뿌리면 됩니다.

고기 사이 사이에 영양부추와 얇게 채썬 양파와 고추를 참기름에 버무려 넣으면

보기에도 좋고 상큼한 채소의 맛과 향이 어우러져 맛이 좋습니다.

기본 재료

돼지고기 목등심 300g

영양부추 50g

양파 ½개, 홍고추 1개, 참기름 1큰술

식용유 약간

돼지고기 밑간 재료

생강술 ½큰술, 소금 · 후춧가루 약간씩

맥적 양념 재료

간장 1½큰술

된장 · 설탕 · 물엿 · 참기름 1큰술씩

미소된장 · 다진 마늘 · 참깨 · 맛술 ½큰술씩

다진 생강 1작은술

※ 생강술 만드는 법은 18p를 참고하세요.

만드는 법

1 돼지고기 목등심은 0.3㎝ 두께로 썰어 생강술, 소금, 후춧가루를 고루 뿌려 밑간한 뒤 10분간 잰다.

2 볼에 분량의 재료를 섞어 맥적 양념을 만든 뒤 ①의 돼지고기에 앞뒤로 바르고 달군 팬에

　식용유를 둘러 앞뒤로 굽는다.

3 영양부추는 씻어 3㎝ 길이로 썰고, 양파와 홍고추는 얇게 채 썬다. 모두 볼에 담고 참기름을 넣어 고루 버무린다.

4 ②의 돼지고기 사이사이에 ③의 채소를 넣는다.

녹두단호박백숙

녹두를 삶아 껍질까지 그대로 넣어 먹으면
식이섬유를 풍부하게 섭취할 수 있습니다.
백숙에 들어가는 생닭은 향신채와 청주를 넣은 물에 살짝 데쳐 사용해야
누린내가 제거될 뿐만 아니라 국물도 한결 깨끗하고 시원한 맛이 납니다.

기본 재료

생닭 1.2~1.5kg

녹두 1컵

단호박 ¼개

부추 100g

물 15컵(3ℓ)

맛육수(또는 참치액) 2큰술, 꽃게액젓(또는 맑은 액젓) 1큰술

소금 1작은술

닭 데침 재료

물 15컵(3ℓ)

대파·양파·생강·마늘·청주 약간씩

만드는 법

1 냄비에 닭을 담고 닭 데침 재료를 넣어 끓이다가 끓기 시작하면 강불에서 3분 정도 더 끓인 뒤 닭을 꺼내
   찬물에 씻는다.

2 단호박은 껍질째 깨끗하게 씻어 씨를 긁어내고 먹기 좋게 썬다.

3 냄비에 ①의 닭을 담고 물, 녹두를 넣어 닭이 익을 때까지 끓이다가 단호박을 넣는다. 단호박이 익으면
   불을 끄고 부추는 썰지 말고 통째로 넣어 국물에 적셔 숨을 죽인다.

4 맛육수와 꽃게액젓, 소금으로 간하고 한소끔 끓여 그릇에 옮겨 담는다.

대하찜과 겨자소스

미자언니네 시그니처 메뉴 중 하나인 대하찜과 겨자 소스입니다.

대하의 담백한 맛과 깔끔한 겨자 소스가 잘 어우러진 별미에요.

대하는 너무 오래 찌면 질겨지므로 껍질 색이 빨갛게 변하면 바로 찜기에서 꺼냅니다.

취청오이는 씻은 뒤 껍질만 돌려 깎아 채 썰어 볶으면

색도 곱고 오이의 향도 진해져 대하와 잘 어울리지요.

기본 재료

손질한 대하 400g(3마리)

취청오이 ⅓개, 굵은소금 약간, 표고버섯 2개, 홍고추 1개

식용유 · 소금 · 흰 후춧가루 · 참기름 약간씩

기름장 재료

참기름 · 간장 · 꿀 1작은술씩

겨자 소스 재료

간장 · 식초 · 설탕 · 레몬즙 1큰술씩, 매실 2작은술, 연겨자 1작은술

만드는 법

1 대하는 이쑤시개로 등쪽 내장을 빼내고 몸통 중간 중간 칼집을 넣어 펼친 뒤 김이 오른 찜기에 넣어
　중불에서 찌다가 껍질이 빨갛게 되면 바로 꺼낸다.

2 취청오이는 굵은 소금으로 문질러 씻어 5㎝ 길이로 썰어 돌려 깎은 뒤 껍질 부분만 곱게 채 썬다.
　달군 팬에 식용유를 두르고 채 썬 오이를 살짝 볶아 소금과 흰 후춧가루, 참기름을 넣어 간한다.

3 표고버섯은 얇게 편 썰고, 고추는 얇게 어슷 썬 다음 각각 달군 팬에 식용유를 두르고 살짝 볶은 뒤
　분량의 재료를 섞어 만든 기름장을 약간 넣어 간한다.

4 찐 대하에 기름장을 발라 접시에 담고 분량의 재료를 섞어 만든 겨자소스와 볶은 채소를 곁들여 낸다.

소고기전복조림

소고기와 전복에 녹말가루를 입히고 튀기듯 익혀 소스에 버무려 내면
어른은 물론 아이들도 좋아하지요. 매콤한 소스는 미리 만들어 두었다가 먹기 직전에
소고기와 전복에 버무려 내면 바삭하면서도 따끈해 더욱 맛있게 즐길 수 있습니다.

기본 재료

소고기(안심) 200g

전복 2개

편 썬 마늘 5개 분량

말린 베트남고추 3개

녹말가루 · 식용유 적당량씩

소금 · 후춧가루 · 송송 썬 쪽파 약간씩

소스 재료

간장 · 맛술 2½작은술씩

설탕 1½작은술

청주 · 고추기름 1작은술씩

만드는 법

1 소고기는 한입 크기로 썰어 소금과 후춧가루로 간한 뒤 녹말가루를 앞뒤로 묻힌다.

2 전복은 씻어 손질한 후 살만 발라내 1㎝두께로 사선으로 어슷하게 썰어 녹말가루를 묻힌다.

3 달군 팬에 식용유를 넉넉히 두른 뒤 녹말가루를 묻힌 소고기와 전복을 넣어 튀기듯 지진다.

4 팬에 분량의 소스 재료를 모두 넣고 바글바글 끓으면 마늘과 베트남고추를 넣어 섞는다.

5 ④에 튀긴 소고기와 전복을 넣고 버무려 접시에 담고 송송 썬 쪽파를 뿌려 낸다.

구운대파소고기찹쌀양념구이

도톰하게 썬 소고기에 앞뒤로 젖은 찹쌀가루를 묻힌 다음,

달군 팬에 식용유를 두르고 노릇하게 지지면 고소하면서도 쫀득해

맛있는 구운대파소고기찹쌀양념구이입니다. 대파를 구울 때에는

고운 소금과 후춧가루를 살짝 뿌려 간하면 훨씬 맛있습니다.

기본 재료

소고기(채끝등심) 200g

대파 1대, 젖은 찹쌀가루 · 식용유 적당량씩

소금 · 후춧가루 약간씩

소고기 밑간 재료

간장 · 청주 ½큰술씩, 참기름 ½작은술, 후춧가루 ¼작은술

양념장 재료

간장 · 참기름 1큰술씩

꿀 · 다진 파 · 다진 마늘 · 통깨 1작은술씩, 설탕 ½작은술

만드는 법

1 소고기는 0.5㎝ 두께로 큼직하게 포 뜨듯 썰어 쟁반에 담고 분량의 밑간 재료를 고루 섞어 잰다.

2 ①에 젖은 찹쌀가루를 앞뒤로 묻히고 10분 정도 둔다.

3 달군 팬에 식용유를 넉넉히 두르고 ②의 소고기를 넣어 앞뒤로 노릇하게 굽는다.

4 대파는 길이대로 반을 갈라 5㎝ 길이로 썰고 마른 팬을 달군 뒤 앞뒤로 색이 나게 구워 소금과 후춧가루를 뿌린다.

5 분량의 재료를 섞어 양념장을 만든다.

6 접시에 구운 소고기와 구운 대파를 번갈아 올리고 ⑤의 양념장을 뿌려 낸다.

우엉떡갈비

산성인 고기류와 같이 음식을 했을 때 대장암이나 비만 등을
예방할 수 있는 우엉에 다진 소고기와 기름기 있는 다진 차돌박이를 더해 만든
우엉떡갈비는 영양상 궁합이 좋습니다.
또한 식어도 촉촉하고 부드럽게 먹을 수 있다는 것도 장점이에요.

기본 재료

다진 소고기 400g, 다진 차돌박이 200g

우엉 100g, 표고버섯 4개, 양파 1개

다진 파 · 찹쌀가루 30g씩

식용유 적당량

양념 재료

간장 4큰술, 설탕 2큰술

참기름 1½큰술, 다진 마늘 · 깨소금 1큰술씩

기름장 재료

간장 · 참기름 · 꿀 1큰술씩

만드는 법

1 볼에 다진 소고기와 차돌박이를 넣고 섞은 뒤 찹쌀가루를 뿌려가며 고루 주무른다.

2 표고버섯은 어슷하게 썰어 식감이 느껴지도록 굵직하게 다지고 양파와 우엉도 식감을 느낄 수 있게 다진다.

3 달군 팬에 기름을 두르고 다진 양파를 넣어 투명한 색이 나게 볶는다.

4 볼에 ①과 ②, ③, 다진 파를 담고 분량의 재료를 섞어 만든 양념을 넣고 끈기 나게 치댄다.

5 ④를 먹기 좋은 크기로 소분해 모양을 빚은 뒤 팬을 달궈 식용유를 두르고 육즙이 빠져나가지 않도록
   강불에서 겉면만 익을 정도로 굽고 약불로 줄여 타지 않게 속까지 익힌다.

6 분량의 재료를 섞어 기름장을 만들어 떡갈비가 따뜻할 때 기름장을 발라 그릇에 담아 낸다.

맛간장수육

통오겹살에 사과와 배를 함께 넣어 삶아 자연스러운 단맛과 부드러움을 살린 수육입니다.
된장 대신 맛간장을 더해 잡내 없이 깔끔한 풍미를 즐길 수 있고, 완전히 식힌 뒤 썰면
형태가 흐트러지지 않아 한결 정돈된 모양으로 담아낼 수 있어요. 영양부추를 바닥에 깔고
그 위에 수육을 올리면 색감이 살아나고 함께 곁들여 먹기에도 좋습니다.

기본 재료
통오겹살 1kg, 영양부추 한 줌

재료 A
물 1ℓ
사과 ½개, 배 ¼개
통마늘 50g, 통생강 ½톨
대파 ½대, 통후추 1큰술
말린 베트남고추 10개

재료 B
맛간장 1½컵, 청주 · 설탕 2큰술씩
꽃게액젓(또는 맑은 액젓) 1큰술

※ 맛간장 만드는 법은 24p를 참고하세요.

만드는 법
1 통오겹살은 적당한 길이로 자른다.
2 재료 A의 사과와 배는 껍질째 두툼하게 편 썰고, 대파는 1cm 길이로 자른다. 생강과 마늘은 편으로 썬다.
3 냄비에 재료 A를 모두 넣고 끓이다가 팔팔 끓어오르면 통오겹살을 넣는다.
4 다시 끓기 시작하면 재료 B를 넣고 강한 불에서 40분 정도 끓인다.
5 불을 중간 불로 낮춰 20분 더 끓인 뒤 고기를 건져 식힌다.
6 식힌 수육을 먹기 좋게 썰어 영양부추를 깔아둔 접시에 올린다.

표고버섯치즈불고기

강한 풍미의 마늘 기름과 은은한 향의 표고버섯이 어우러져 내는 맛이 일품인
치즈불고기입니다. 표고버섯 크기에 따라 조금씩 다르지만
한입에 넣기 좋아 파티용 핑거 푸드로 좋아요.

기본 재료

소고기(불고기용) 150g

표고버섯 12개, 밀가루 ¼컵, 식용유 약간

재움장 재료

간장 · 참기름 · 다진 파 1큰술씩

설탕 · 맛술 · 다진 마늘 ½큰술씩

후춧가루 ⅓작은술

고명 재료

모차렐라치즈 200g, 다진 파프리카 1큰술, 다진 쪽파(잎 부분) 1작은술

만드는 법

1 분량의 재료를 섞어 재움장을 만든다.

2 소고기는 잘게 다지고 ①을 넣어 10분 정도 재두었다가 프라이팬에 식용유를 약간 둘러 볶는다.

3 표고버섯은 기둥을 뗀 다음 흐르는 물에 살짝 씻어 물기를 제거한다.

4 표고버섯 아래 갓 부분에 밀가루를 살짝 묻힌 다음 볶아놓은 ②의 불고기를 소복이 얹은 후
　　그 위에 치즈와 다진 파프리카와 다진 쪽파를 올린다.

5 식용유를 약간 두른 팬에 ④를 올려 중불 혹은 중약불에서 뚜껑을 닫고 치즈가 완전히 녹을 때까지 굽는다.

미소된장소스 해물냉채

오징어와 관자, 대하 등을 싱싱한 것으로 구입해 해물냉채를 만들어 보세요.
싱싱한 해산물을 살짝 찌거나 데쳐 먹기 좋게 썬 뒤
구수하면서도 새콤달콤하고 매콤한 소스를 더하면 입맛을 돋우기에 좋습니다.

기본 재료

오징어 1마리
관자 2개 분량
대하 1마리
참나물 · 비트 약간씩

소스 재료

물 5큰술
식초 4큰술
미소된장 · 포도씨오일 · 물엿 3큰술씩
고추장 · 설탕 · 참기름 1큰술씩

만드는 법

1 오징어는 내장과 눈을 제거하고 씻어 살짝 데치거나 쪄 굵게 채썬다.

2 관자는 씻은 뒤 찜기에 쪄 동그란 모양을 살려 0.3㎝ 두께로 썬다.

3 대하는 살만 발라 다시 껍질 안에 모양대로 넣고찐다.

4 참나물은 잎만 떼어내서 깨끗이 씻고 물기를 턴다.

5 비트는 곱게 채썬다.

6 그릇에 참나물을 깔고 그 위에 준비한 해물과 비트를 보기 좋게 얹는다.

7 ⑥에 분량의 재료를 섞어 만든 소스를 먹기 직전에 끼얹는다.

새우애호박죽

새우와 애호박으로 맛과 색감을 살린 영양죽입니다.

애호박은 껍질만 돌려 깎아 믹서에 갈아 넣으면

푸른색이 죽 전체에 퍼져 색감이 좋아지지요.

또 죽을 끓일 때에는 나무주걱으로 저어야 삭지 않습니다.

기본 재료

알새우 100g, 애호박 1½개, 물 1컵

쌀 1컵, 멸치 육수 10컵

맛육수(또는 참치액) 1½큰술

소금 약간

참기름 2큰술

※ 멸치 육수 만드는 법은 23p를 참고하세요.

만드는 법

1 알새우는 반으로 저며 썬 다음 굵게 다진다.

2 애호박은 껍질을 0.3㎝ 두께로 돌려 깎고 속은 채 썰어 준비한다.

3 믹서에 애호박 껍질과 물 1컵을 넣은 후 곱게 간다.

4 쌀은 맑은 물이 나올 때까지 씻어 물기를 뺀 다음 참기름을 두른 냄비에 쌀이 투명해질 때까지 달달 볶는다.

5 팬에 참기름을 살짝 두르고 다진 알새우와 채 썬 애호박 속을 각각 볶는다.

6 ④에 멸치 육수를 붓고 끓인다.

7 죽이 끓기 시작하면 볶은 애호박 속과 알새우를 장식용으로 약간 남겨놓고 모두 넣은 뒤 저어가며 끓인다.

8 죽이 한소끔 끓으면 ③의 애호박 껍질 간 물을 넣고 풋내가 나지 않을 때까지 끓이다가
  맛육수와 소금으로 간한다.

일품 도미 튀김

도미는 속살이 두꺼워 사선으로 깊숙하게 3번 정도 칼집을 내줘야 속까지 고루 익습니다.

도미를 기름에 넣을 때에는 꼬리를 손으로 잡고 머리부터 조심조심 넣어야 화상을 입지 않아요.

튀긴 기름이 아깝다면 식기 전에 면보에 바로 걸러 유리 밀폐용기에 담아 두었다가 사용하세요.

기본 재료

도미(중간 크기) 1마리, 소주 10㎖, 녹말가루 50g

영양부추 · 참나물 100g씩, 적양파 ½개, 소금 약간, 식용유 7컵

간장 소스 재료

간장 ½컵, 식초 ½컵, 설탕 4큰술, 고추기름 2큰술, 다진 마늘 ⅔큰술

생강 1톨, 레몬 1개, 말린 고추 · 청양고추 5개씩, 쪽파 20g

물 ¼컵

만드는 법

1 간장 소스를 만든다. 마늘과 생강, 레몬은 모양을 살려 0.3㎝ 두께로 슬라이스하고 건고추는 3㎝ 길이로 썬다.

   청양고추는 송송 썰고 쪽파는 6㎝ 길이로 썬다. 손질해 놓은 채소와 나머지 양념을 모두 넣고 섞은 뒤

   냉장실에서 하루 정도 숙성시킨 다음 체에 걸러 간장만 사용한다.

2 도미는 내장을 제거하고 뼈에 있는 핏기와 아가미 부분을 물로 깨끗하게 씻은 후 몸통에 사선으로 3번 정도

   깊숙하게 칼집을 낸다.

3 ②의 도미에 소주를 뿌려 잡내를 없앤 후 녹말가루를 앞뒤로 골고루 묻혀 200℃로 예열한 기름에 바삭하게 튀긴다.

4 국자로 기름을 퍼서 도미 위에 골고루 뿌려가며 도미 몸 전체가 진한 갈색이 될 때까지 튀긴다.

5 적양파는 얇게 채 썰고, 영양부추는 3㎝ 길이로 썬다. 참나물은 먹기 좋게 손질한다.

6 그릇에 손질한 채소를 담고 도미를 올린 뒤 숙성시킨 간장 소스를 끼얹어 낸다.

매콤통오징어구이

오징어를 자르지 않고 내장만 제거하고 통으로 양념해 구운 요리입니다.

매콤한 맛의 양념장은 미리 만들어서 냉장실에서 하루 정도 숙성해야 맛이 더 좋습니다.

숙주와 부추는 향이 섞이지 않도록 따로 볶아 오징어에 곁들여 내도록 합니다.

기본 재료

오징어 2마리, 숙주 200g, 부추 50g

식용유 2큰술, 참기름 1큰술

소금 · 후춧가루 약간씩

양념장 재료

고추장 150g

고춧가루 · 물엿 · 매실청 · 간장 3⅓큰술씩

설탕 2큰술, 다진 마늘 · 다진 파 · 땅콩버터 1큰술씩

다진 생강 ½작은술

만드는 법

1 분량의 재료를 섞어 만든 양념장은 냉장실에 넣어두고 하루 숙성시킨다.

2 오징어는 깨끗하게 손질한 다음 껍질째 끓는 물에 살짝 데쳐 양옆에 칼집을 낸 뒤 ①의 양념장에 버무려 둔다.

3 숙주는 손질해 씻고 달군 팬에 식용유 1큰술을 둘러 숨만 죽도록 살짝 볶는다.

4 부추는 손질해 팬에 넣은 후 참기름을 두르고 후춧가루와 소금을 약간 넣어 숨만 죽도록 살짝 볶는다.

5 달군 팬에 식용유 1큰술을 두르고 ②의 오징어를 앞뒤로 노릇하게 굽는다.

6 그릇에 숙주와 부추, 구운 오징어를 보기 좋게 담는다.

매운찜닭

집에서 찜닭을 만들면 밖에서 사 먹을 때의 칼칼하고 개운한 맛이 나지 않아
아쉬울 때가 많습니다. 그 이유는 바로 고춧가루 대신 사용하는 청양고추에 비밀이 있습니다.
칼칼하면서도 깔끔한 맛으로 남녀노소 누구나 좋아할 만한 찜닭 레시피입니다.

기본 재료

토종닭 1마리(1.2~1.5kg)

감자 2개, 당근·양파 ½개씩, 청양고추 4개, 홍고추 1개, 표고버섯·삶은 달걀 2개씩

부추 한 줌, 당면 100g

닭 데침 재료

물 적당량, 마늘 4쪽, 대파 1개, 통후추·간장 1큰술씩, 물 5컵

양념장 재료

간장 6큰술, 물엿 5큰술, 흑설탕·굴소스 2큰술씩

국간장·양파즙·청주 1큰술씩, 다진 생강·후춧가루 1작은술씩

만드는 법

1 감자와 당근, 양파는 큼지막하게 썬다.

2 토종닭은 찬물에 담가 30분 이상 핏물을 뺀 다음 넉넉한 냄비에 넣고 닭이 잠길 정도로 물을 부어
   마늘, 대파, 통후추, 간장을 넣어 닭이 살짝 익을 정도로 끓인다.

3 닭이 익으면 체에 밭쳐 육수를 걸러내 따로 보관한다.

4 분량의 재료를 섞어 양념장을 만들고 여기에 ③의 육수 4컵을 냄비에 부은 후 삶은 닭을 넣는다.

5 ④에 손질해둔 감자와 당근을 넣고 강불에서 끓인다.

6 ⑤가 끓기 시작하면 양파와 표고버섯, 청양고추, 홍고추, 달걀을 넣어 다시 한 번 끓인다.

7 ⑥의 국물을 제외한 건더기를 모두 오목한 접시에 담은 후 남은 국물에 물에 불린 당면을 넣고
   당면이 얼추 익으면 부추를 넣어 살짝 데친다.

8 닭을 담은 접시에 당면과 부추를 올리고 남은 국물을 적당히 부어 상에 낸다.

추억을
이어주는 다리,
집밥

한 끼의 집밥에는 단순히 배를 채우는 것을 넘어 가족과 나누는 정성, 계절과 제철 재료가 주는 건강 그리고 함께하는 사람들과의 따뜻한 교감까지 담겨 있습니다. 집에서 정성껏 만든 한 싱은 우리 일상의 소소한 행복이자 마음과 몸을 채워주는 작은 쉼터가 됩니다.

팬데믹 이후 집에서 함께하는 시간이 늘어나면서
집밥은 단순한 식사를 넘어 사랑과 배려,
기억과 추억을 이어주는 다리가 되었습니다.
오늘의 밥상이 내일의 추억이 되고,
정성스러운 한 끼 한 끼가 삶을 풍요롭게 만드는
순간이 되듯 이 책을 통해 소개한 다양한 메뉴와
요리법이 여러분의 식탁에 따뜻한 풍성함과
즐거움을 더해주기를 바랍니다.

찾아보기

미자언니네 계절 담은 집밥 이야기

선미자의 맛

초판 1쇄 발행 2026년 1월 8일

지은이 선미자
발행인 정장열
편집장 김보선
부장 전영미
기획·편집 강부연
제작관리 박미선(국장), 이세정
판매 조현준(부장), 조성환, 신은영, 박경민, 김주형

사진 이종수, 정택
디자인 고정선
교정·교열 한승희
요리 및 스타일링 선미자

발행 ㈜조선뉴스프레스 여성조선
등록 2001년 1월9일 제301-2001-037호
주소 서울특별시 마포구 상암산로34, 디지털큐브빌딩 13층
편집 문의 02-724-6712
구입 문의 02-724-6796, 6797

ISBN 979-11-5578-515-7
값 28,000원